BELIEVE IN READING

科學文化 BCS221

數學,
這樣看才精采

李國偉的數學文化講堂

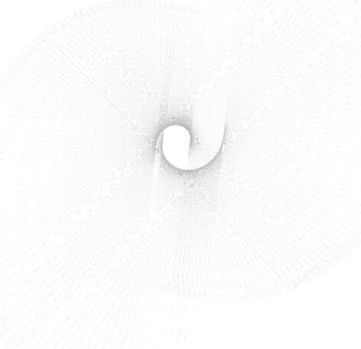

李國偉——著

目次

04 ⋯⋯ 教育篇

前言

　　「文化」這個字眼似乎人人都懂，但是誰也解釋不清。在《史丹佛哲學百科全書》網站的「文化」條目下，開宗明義就說：「嘗試定義『文化』是非常有挑戰性的：有人曾說它是『惡名昭彰的過度寬鬆概念』，或者『惡名昭彰的曖昧概念』」。[1]

　　在「文化與認知科學」條目則說：「大多數對於文化的定義，都認為是某種社會群體裡各份子間廣泛分享的事物，並且也正因為這種分享而成為群體的一份子。這種界定文化的方式，其實過於寬鬆而有不足之處（例如流行性感冒大爆發也可能算做是一種文化）。」[2]雖然做為一個數學家，專業上應該講究搞清楚定義，但是對於「數學文化」裡的「文化」該如何定義，我就給自己一點可以放肆的模糊空間吧！

　　其實定義也不過是要給概念畫條邊界，然而即使邊界畫不明確，依舊能夠大體掌握疆域裡主要的山川風貌。說起「文化」少不了核心主角「人」，是因為人的活動而產生了文化的果實。再來，「文化」不會只包含物質層面的跡證，必然在精神層面有所彰顯。最後，「文化」難以迴避價值的選擇，「好」與「壞」的尺度也許並非絕對，但是對於事物以及行動的品評總有一番取捨。

　　伽利略（Galileo Galilei）在《試金者》（*Il Saggiatore*）書中，曾經說過一段歷久彌新的名言：「自然哲學是寫在宏偉的宇宙之書裡，總是打開著讓我們審視。然而若非先學會讀懂書中的語言，以及解釋其中的符號，是不可能理解這本書的。此書是用數學的語言所寫，使用的符號包括三角形、圓、以及其他幾何圖形。倘若不藉助這些，則人類不得識一字，後果就會像遊蕩於暗黑迷宮之中。」[3] 雖然宇宙的大書是用數學的語言來表述，但是人類學習它的詞彙卻歷經艱辛。

　　數學所以令人動容的地方，不僅是教科書裡那些三角形、圓形和其他幾何圖形各種出人意表的客觀性質，還有那些教科書裡沒有餘裕篇幅來講述的人間故事。那裡不僅包含個人從事數學探密的悲、歡、離、合，也描繪了數學新知因社會需求而生，又促進了歷史巨輪的滾動。

　　數學這門少說有三千多年歷史的學問，是人類精神文明的最高層次產品，不可能光靠設計難題把人整得七葷八素而長

存。一齣人間歷史樂劇中，數學絕對是讓它動聽的重要旋律。

因此，談論數學文化先要講好關於人的故事。在這本書裡我將從四個面向觀察數學、人文、社會之間的互動勝景。我把文章劃分為四部分：人物篇、歷史篇、藝數篇、教育篇。

我喜歡「人物篇」裡各章的主角，是因為他們都曾經在當時數學主流之外，淌出一條清溪，有的日後甚至拓展開恢弘的行水區域。我喜歡歷史上這類辯證的發展，讓獨行者的聲音能不絕於耳，好似美國文學家梭羅（Henry Thoreau）在《湖濱散記》（*Walden; or, Life in the Woods*）所說：「一個人沒跟上同伴的腳步，也許正因為他聽到另外的鼓點聲。」[4] 這種個人偏好當然也影響了價值取向，我以為在數學的國境內，不應該有絕對的霸主。一些不起眼的題材，都有可能成為日後重要領域的開端。正如另一位美國文學大家佛洛斯特（Robert Frost）的著名詩作〈未曾踏上的路〉（The Road Not Taken）所描述：[5]

林中分出兩條路
我選擇人跡稀少的那條
因而產生了莫大差別

如果數學的天下只有一條康莊大道，就不會有今日曲徑通幽繁花鼎盛的燦爛面貌，我們應該不時回顧並感念那些緊隨內心呼喚而另闢蹊徑的秀異人物。

　　延續「人物篇」所選擇的視角，在「歷史篇」中嘗試觀察的知識現象，也多有不為主流數學史所留意的題材。其實歷史發生的就發生，沒發生的就沒發生，像所謂的「李約瑟難題」，即近代科學為什麼沒有在中國產生這類問題，不敢期望會取得終極答案。

　　歷史的進程是一個極度複雜的系統，從太多難以分辨的影響因素中，清理出一條因果明晰的關係鎖鏈，這種企圖對我來說沒有什麼吸引力。我只想從涉獵數學史的過程裡尋覓一些樂趣，那種在前人踏查過的山川原野上，採擷到被忽視掉的奇花異草的欣喜。

　　第三篇的主軸是「藝數」，「藝數」是近年來臺灣數學科普界所新造的名詞。數學與藝術互動最深刻的史實，莫過於歐洲文藝復興時期從繪畫發展出透視法，阿爾伯蒂（Leon Battista Alberti）的名著《繪畫論》（De Pictura）開宗明義就講：「我首先要從數學家那裡擷取我的主題所需的材料。」這種技法日後促成數學家建立了「射影幾何學」，終成為十九世紀數學的顯學。

　　以往很多抽象的數學概念，數學家只能在腦中想像，很難傳達給外行人體會。但是自從電腦帶來軟硬工具的革命性進步，數學的抽象建構也得以用藝術的手法呈現出來。在第三篇的諸章裡，有心向讀者介紹「藝數」這種跨接藝術與數學的領域，也讓大家認識在臺灣所執行的推廣活動。

　　第四篇涉及教育方面的觀點與意見。此處「教育」涵蓋的範圍取寬鬆的解釋，從強調小學數學教育的重要到學術領域的評估，由事關學校的正規教育到涉及社會的普及教育，雖然看似有些散漫蕪雜，但是貫穿我的觀點的基調，仍然是伸張主流之外的聲音，維護多元發展的氛圍。

　　本書若干篇章是改寫我發表過的文章。有些史實不時會提到，行文難免略有重疊之處，然而也因此方便各章可獨立品味。只要對數學與數學家的世界感覺好奇的人，都可以成為本書讀者，並無特定的閱讀門檻。不少數學觀念通過圖像來表達，會更容易令人掌握要領。但受制於使用既有圖像的版權約束，只能盡量提供相關網址的訊息，以方便讀者自行尋訪驗證。所徵引的文獻也多附以來源，讀者可視為延伸閱讀的方向。最後誠懇表示本人學養有限，眼界與功力有不足之處，敬請讀者多所包涵並指正。

李國偉

寫於面山見水書房

2021 年 11 月

01

人物篇

第 1 章
形象由淡入濃的涂林 *

　　對於科學史上心儀的大師，除了冷靜學習他們留給人間的智慧遺產外，我們往往還會懷抱著溫熱的心去探索他們的生命處境。在我開始學習涂林（Alan Turing）的開創性理論多年之後，才逐漸認識他那有些傳奇色彩的一生，見證了他的形象由淡入濃的歷程。

　　1964 年夏天，數學大師陳省身來臺灣講學，給過一場介紹最新數學重要進展的科普演講。我當時還在高中就讀，懷著好奇的心情去聽講。印象很深刻的是聽到在哥德爾（Kurt Gödel）證明「選擇公設」和「連續統假設」與公理化集合論

---

* 　Alan Turing 中文譯名在本書中為「涂林」，而不採取坊間沿用中國大陸的「圖靈」。「圖靈」二字簡體為「图灵」，筆畫數尚可接受。但在繁體字中則筆畫過為繁複，所以本書棄而不用。

不矛盾之後，柯亨（Paul J. Cohen）最終證明它們其實獨立於公
理化集合論。高中學生當然無法理解這類工作的意義，可是那
些聽起來神祕兮兮的專有名詞，多麼異於平日課本裡的數學，
又多麼引動人的玄想。

從陳大師的演講中得知數理邏輯在數學基礎的研究上，有
這麼精采深刻的作用，從而促進了我學習的興趣。大四時我
自習一本講理論自動機（automata）的書，才開始接觸到所謂
的涂林機（Turing machine），這是我對涂林這個名字的最早記
憶。1971 年我留學美國杜克大學攻讀數理邏輯博士，自然增
多對於涂林學術成就的認識，不過當時涂林仍然被哥德爾的巨
大身影所遮蔽。

涂林的人生故事特別能吸引我，可能有以下一些因素：

其一，在進入大學就讀之前，涂林自小的學習成績並不算
突出，好像沒有顯現天才早慧的徵兆。但是劍橋的環境促使他
快速增長了數學的成熟度，並且在相對冷門的數理邏輯領域
裡，鑽研不久之後就獲得出人意表的突破。看來涂林不在意世
俗觀念的評價，是具有高度原創力的自由靈魂。

其二，即使是專業數學家，通常也會感覺數理邏輯研究
的題材非常抽象。涂林除了在如此不食人間煙火的天地裡馳
騁，也會「走入凡塵」動手做化學實驗、組裝電機設備、編寫

電腦程式、參與戰時的國防研究。劍橋另一位大數學家哈代（Godfrey Harold Hardy）可拿來做對比，他只醉心於純粹數學，以研究成果沒有實用價值而自豪，並且妄議應用數學是醜陋的數學。涂林不曾有過這種傲慢的心態，他提供了更健康而全面看待數學的榜樣，值得後人效法。

其三，涂林探討計算本質的成就，肯定會永垂不朽。他分析這種深刻問題的出發點，卻是樸素的檢視個人的行為，使得他的計算模式不僅具有超強的想像空間，更對心智運作提供了可操作的思想工具。他的學術發展軌跡非常耐人尋味，而他的人生終局更讓人感嘆，因此促進了超越科學界的人道關懷。

蒼白少年的起點

1912 年 6 月 23 日涂林誕生於倫敦，當時他父親在英屬印度任公務員，而母親也出身於居住在印度的英國中上層家庭。因此涂林在 14 歲之前跟哥哥都寄養在一些英國本土家庭，直到父親從印度退休返鄉為止。成長在這種比較缺乏親情的環境裡，對涂林的性格造成某些負面的影響。

涂林在學校裡表現平平，只喜歡課外做簡單的化學實驗。後來勉強擠進一所培養菁英份子的「公學校」（Public School），在 16 歲時認識了學長牟康（Christopher Morcom）。

他深受牟康的吸引，也刺激他發展溝通與競爭的技能。

但是 1930 年 2 月牟康突然不幸過世，涂林非常受打擊，有三年時間他寫信給牟康的母親，說他常常思考人的心靈，特別像牟康的心靈，如何能嵌入肉身？死後是不是能從物質中脫離開來？這場痛心的經驗，或許促成他日後動念研究機器能否思考的問題。

1931 年涂林進入劍橋大學國王學院就讀，次年他學習了馮諾依曼（John von Neumann）研究量子力學邏輯基礎的新書，使他逐漸學會嚴格思維的求知方式。然而也就是在國王學院的環境裡，他的同性戀傾向日漸明顯，這對他後期的人生產生嚴重影響。

哥德爾的「不完備性定理」

1928 年希爾伯特（David Hilbert）在國際數學家大會上，再次呼籲數學家研究數學的基礎。他特別指出三類值得探討的問題：

1. 數學是不是完備的（complete）？完備性是說對於每一條數學命題而言，或者可以證明此命題為真，或者可以證明其否定命題為真。

2. 數學是不是相容的（consistent）？相容性是說不可能依

照邏輯的步驟推導出某個命題，以及它的否定命題。
3. 數學是不是可判定的（decidable）？可判定性是說有一套明確的方法，將它運用於任何給定的命題，就會在有限步驟內回答出該命題是否為真。

希爾伯特充滿信心認為這些問題都可以得到肯定的答案。他曾經在 1900 年於巴黎舉行的國際數學家大會上，宣布 23 條還沒有解決的重要問題，他說：「每個明確的數學問題必然能有明確的解答……在數學裡沒有絕不可知的地方（ignorabimus）。」[1] 但是到 1931 年，年輕的哥德爾證明了令人驚異的結果：

1. 對於明確建構起來的形式化算術理論系統而言，如果這個系統是相容的，則它不可能是完備的。也就是說存在真的命題，它本身以及它的否定命題，都不能在此系統裡得到形式證明。
2. 系統的相容性無法在此系統中得到證明，也就是說必須引進比這個系統更強的論證方法，才有可能證明它的相容性。

這兩項結論構成哥德爾著名的「不完備定理」，而渴求解決希爾伯特前兩個問題的希望也就此幻滅。

　　1933 年涂林自習懷特海（Alfred N. Whitehead）與羅素（Bertrand Russell）的巨作《數學原理》（*Principia Mathematica*），開始進軍數理邏輯的領域。懷特海與羅素準備為數學的真理尋求一個嚴謹的基礎，而邏輯正是他們想用來達成目標的利器。雖然他們作出開創性的貢獻，但是邏輯的形式體系到底要如何承載數學的真理，並沒有得到滿意的解決。

　　1935 年春天涂林去聽紐曼（Max Newman）的「數學基礎」課。紐曼是劍橋大學的拓撲學家，也是當時劍橋唯一對數理邏輯最新發展有深刻認識的教授。紐曼曾經出席 1928 年國際數學家大會，熟知希爾伯特研究數學基礎的方案。涂林在課堂上學習了哥德爾的不完備定理，也因此知道希爾伯特的第三個問題仍然有待解決。依照紐曼的術語來說，就是要問會不會有一種「機械程序」（mechanical process），實施在數學命題上時，能辨識此命題在系統裡能否得證？

　　專業數學家多半不相信會存在這種判定程序。哈代在 1928 年就說：「當然不可能有這種定理，而且幸好不會有這種定理，否則我們就有一套機械的規則來解決所有的數學問題，那我們數學家就沒戲唱了。」[2] 法國大數學家龐加萊（Henri Poincaré）在《科學與方法》一書中以嘲諷的口吻批評形式化的數學：「我們乾脆想像有一部機器，一頭把公理丟進去，另一頭定理就跑出來。這好像芝加哥傳奇性的屠宰機，一頭把活豬送進去，另一頭就送出火腿與香腸。如此一來，數學家跟機

器一樣，都不需要理解自己在搞什麼了。」[3]

在哥德爾驚人的不完備定理問世後，對於整個數學是否存在判定程序，不能光靠信心說「當然不可能有」，而值得仔細深入的分析。

找到計算的機械性

涂林曾經告訴好友也是他的學生甘笛（Robin Gandy），他在 1935 年初夏一次長跑途中休息時，躺在草地上突然靈光一閃，想出一種「機械程序」解決希爾伯特的第三個問題。[4] 他把這項劃時代的創見寫成著名的論文〈論可計算數及其在可判定性問題上的應用〉（On computable numbers, with an application to the *Entscheidungsproblem*，以下簡稱〈論可計算數〉）。這篇論文至少有三項極重要的貢獻：創新定義一種抽象的計算機；證明通用計算機（universal machine）的存在性；證明存在有任何計算機都不能解決的問題。

涂林在〈論可計算數〉第一節就引進計算機的定義，並且作出一系列的推導。用他的機器計算出來的數，當然符合直觀認為是可計算的數。到了第九節，涂林提出一個一般性的問題：「有哪些可能的程序得以用來計算數？」他以三類論述法說明所設計的機器足夠計算所有直觀認為可計算的數：

1. 仔細分析人關於計算的直觀，從而定義出合適的計算機。
2. 證明別人嘗試過的方法等價於他的方法。
3. 盡量給出實例，顯示大量的數都可用他的機器來計算。

涂林針對第一項所作的論述，風格與一般數學論文很不相同。他模仿兒童的算術作業簿，把紙面劃分成一直線排列開的方格。方格內允許書寫的符號只准有限種，因為他說：「如果我們允許無窮多種符號的話，則有些符號之間的差異會任意地渺小。」然後涂林分析任何一個計算者（他當時用的稱呼是 computer）的行為，應該會取決於當下看到方格裡的符號，以及計算者的「心靈狀態」（state of mind）。涂林認為心靈狀態也只存在有限多種，因為「如果我們允許有無窮多種心靈狀態，有些就會『任意地接近』，以致產生混淆。」

涂林在此節的末段還說，計算者可隨時離開去做別的事，但是如果他還想回來繼續工作，就必須寫下一張紀錄表，記好當時機器的整體狀態，以便可以依照指示重新啟動計算。

總之，這些生動的直觀式分析，讓我們理解涂林創造機器的動機。

涂林定義理論計算機的方法有相當大的彈性，而不會影響可以計算的範圍，因此現在把這一類的理論計算機都稱為涂林機器（簡稱涂林機）。乍看起來，令人懷疑這麼簡單的計算工具能算多少東西？當然從如此原始的基礎出發，要想計算日常

使用的數學對象，必然會經過冗長的步驟。但是涂林的重點不在於要花多少精力，而在於可不可能做到。最終涂林以極具說服力的論證讓人相信，所有可以計算的數都能用涂林機計算。

在瞭解他的計算機的功能過程中，涂林體會到定義一個計算機的方法也是機械性的，因此可以用符號記錄下來。如此便能定義一個所謂的通用計算機，它可以模擬任何其他涂林機的計算過程。通用計算機把想模擬的涂林機的定義符號當作輸入吃進來，然後在想要計算的輸入值上，一方面解讀被模擬機器的指令，一方面依樣畫葫蘆執行，最後得出同樣的結果。

通用涂林機賦予當代內儲程式計算機（stored-program computer）的理論基礎，使得人類在機械的發明史上，首次有可能利用軟體的變化，極大量擴充硬體的使用效率。數理邏輯學家戴維斯（Martin Davis）曾說：「在涂林之前，一般都認為機器、程式、資料三個範疇，是全然不同的區塊，機器是物理性的物件；我們今日稱之為硬體。程式是準備做計算的方案……資料是數值的輸入。通用涂林機告訴我們三個範疇的區分只是錯覺。」[5]

當我們深刻體認出涂林機的威力時，我們會產生一個跟剛開始時態度相反的問題：「還有什麼是涂林機不可能計算的呢？」當我們啟動涂林機開始計算某個輸入值時，最怕的是它一直運作不停，無法抵達停機狀態，給出最終答案。因為涂林機的定義方法，並不保證每次計算都會在有限時間內完成。

　　於是我們很自然便想知道，有沒有可能造一個特殊的涂林機，來判斷任何涂林機一旦輸入任何起始值，是否計算的動作在有限步驟內會停止。這就是所謂的「停機問題」（halting problem）。因為所有的涂林機可以有效且機械化的逐一列隊，涂林便得以使用對角線論證法（diagonal argument）證明不可能存在這種特殊的涂林機，也就是說「停機問題」是無解的，再從這裡就可以繼續推論出「判定性問題」也是無解的。

　　對於數學系統裡機械化的過程，在涂林之前已經有人提出各種模式。譬如，哥德爾提出一般遞迴函數（general recursive function），丘奇（Alonzo Church）提出蘭布達演算（lambda calculus）。這些外貌差異甚大的各種模式，其實都計算出同樣的自然數的函數。1935 年 4 月 19 日，丘奇甚至在美國數學會的研討會上公開宣稱，所有直觀上認為可以明確計算的函數，都已歸屬於一般遞迴函數了。這就成為有名的丘奇論題（Church's Thesis）。

　　這個論題不屬於平常數學裡的猜想（conjecture），因為它涉及無法嚴格定義的直觀概念，所以也無從加以證明，只能盡量舉出實例當作證據，這種狀況類似自然科學裡必須用實驗來支持定律的成立。

「涂林機」後來居上

涂林在沒有跟人討論的情況下，完成了對於最一般的可計算性的研究，創發了劃時代的涂林機。當他把論文給老師紐曼看時，紐曼簡直不敢相信希爾伯特的可判定性問題，居然可以用這麼簡單直觀的辦法解決掉。不幸的是在 1936 年 4 月 15 日丘奇已經發表了他的論文〈關於可判定性問題的一個注記〉（A note on the *Entscheidungsproblem*），而涂林是在 5 月 28 日才把〈論可計算數〉投給倫敦數學會的會誌，所以丘奇領先涂林解決了希爾伯特的可判定性問題。

5 月底紐曼寫信給丘奇，強調涂林在完全沒有人指導的情形下獨力完成原創性工作。他希望丘奇能幫涂林向劍橋大學寫一封爭取獎學金的推薦函，以便涂林能解除孤立去普林斯頓追隨丘奇學習。

結果涂林並沒有獲得獎學金，他靠著國王學院的單薄薪水去留學。此時丘奇已經不太活躍，一些對數學邏輯有貢獻的學生也都已經離開，所以涂林既沒能解除他的孤立狀況，也沒從丘奇那裡學到多少新東西。

當〈論可計算數〉校稿寄到普林斯頓時，丘奇為涂林安排一場公開報告。涂林在家書裡說：「很少人來聽 12 月 2 日我在數學俱樂部的報告。要想有人來聽講就必須是有名的人。我演講後的下一週是伯克霍夫（George David Birkhoff）主講，他

的名聲很大，所以講堂都擠滿了人。但是他的演講其實很不夠
水準，大家都在背後笑他。」不僅涂林的演講沒幾個人來聽，
〈論可計算數〉這篇不朽的論文出版後，也只有兩個人向涂林
索取抽印本。

然而哥德爾是慧眼識英雄的。他原來對於丘奇論題並不完
全有信心，直到他看了涂林對於計算本質的分析，才被說服所
有機械性的計算都已經為涂林機所捕捉。

哥德爾與涂林這兩位偉大的心靈，雖然殊途同歸的推動了
可計算性理論的發皇，但是涂林終其一生都沒有見過哥德爾一
面，也沒有跟哥德爾通信討論過問題。

涂林機所定義的可計算函數既然與眾多其他的模式都等
價，為什麼涂林機後來會變為特別突出的貢獻呢？

我個人認為涂林從分析人類作計算的心靈歷程出發，所得
到的模式最容易觸發人的想像，也最能給出進一步的直觀暗
示。譬如在涂林機模式裡，指導機器運算的指令也是一組有限
個符號，它們與在紙帶上做為計算對象的符號，本質上沒有什
麼不同。因此導引涂林很自然的構想出通用涂林機。因為理論
上有通用涂林機的保證，現代幾乎無所不能的電子計算機才有
建造的基礎。

即使是在涂林提出他的通用涂林機概念之後，相當多的人
仍然難以想像主要用來計算數字的電腦，有可能運用在日常生
活的事務上。連製造電子計算機的先驅艾肯（Howard Aiken）

在 1953 年還說：「如果用來找微分方程數值解的機器，和替百貨公司開帳單的機器，在基本邏輯架構上恰好相同，我會認為這是我曾碰過的最奇妙的巧合。」[6]

誰啟發了「計算複雜度」研究之路？

涂林在普林斯頓近兩年的時間裡，名義上丘奇指導他完成一篇博士論文。其實從後見之明，我們知道涂林在抵達普林斯頓之前，就已經作出比丘奇更深遠的貢獻。所以他們倆並不像一般博士班師徒間的關係，涂林不僅沒有從丘奇那裡得到很多有用的思想，甚至他的博士論文因為遷就丘奇的偏好，不得不採取蘭布達符號系統，長度因而增加，並且削弱了涂林原來更近直觀的風格。這篇名為〈以序數為基礎的邏輯系統〉（Systems of logic based on ordinals，以下簡稱〈系統〉）的博士論文發表後，比〈論可計算數〉更缺乏讀者。

〈系統〉想在哥德爾不完備定理破滅了數學整體機械化的夢想之後，重新檢討如果適度的用直觀輔助機械化，數學體系還能走到什麼程度。涂林在原有的機器模式裡，再加上一個有問必答的元件，他稱之為「神諭」（oracle）。當機器按照涂林機的指令運算到某個階段，需要知道某問題的答案為「是」或「否」時，神諭即刻給出正確的答案。這個步驟在涂林機的指令裡無法預先設計，因此它相當於一次運用直觀的跳躍。

　　因為涂林機給予了極富啟示性的思想圖像，使得加入神諭也變得十分自然。另一位與涂林同時代的美國邏輯學先驅波斯特（Emil Post），迅速掌握到神諭的重要意義。當我們用涂林機計算 A 函數時，如果把 B 函數的值當作神諭，就表示計算 A 的難度不會超過計算 B 的難度。所有只用涂林機而不需要任何神諭協助就能計算的函數，就構成了難度最低的所謂的「可計算函數」。波斯特用裝備神諭的涂林機來區分計算時相對的難度，從此開創了計算複雜度（computational complexity）理論的研究。

　　涂林機儲存資料的紙帶，以及運算過程中所耗費的步驟數與方格數，很容易啟發人們考慮到計算時使用的時間與空間資源。要使計算在現實世界裡可行，這些資源的消耗必須加以合宜的限制。受不可計算世界裡複雜度研究的影響，在可計算的世界裡也可以用消耗資源的多寡來區分相對難易程度。

　　1971 年加拿大邏輯學家庫克（Stephen Cook）引入了 P 與 NP 兩類問題。粗略的講，P 裡的問題都有可行的計算方法，而在 NP 裡又在 P 之外的問題到目前為止都還沒有找到可行的計算方法。庫克還證明有一些在 NP 裡的問題如果一旦有可行的計算方法，則所有 NP 裡的問題都能夠有可行的計算方法，這些問題稱為 NP 完備問題。P 與 NP 到底是不是相異的兩類，已經成為二十一世紀初克雷數學研究所（Clay Mathematics Institute）懸賞百萬美元的七個問題之一。

破解密碼所激發的構想

涂林獲得博士學位之後，因為懷念英國劍橋的環境，辭謝了馮諾依曼邀請他擔任助理的機會，也拒絕了父親的建議，要他留在美國迴避希特勒渡海攻擊英倫的危險，毅然決然的返回國王學院。涂林除了從理論上研究計算機外，他也喜歡動手操作機具。他在普林斯頓時，就曾嘗試製造用繼電器作二進位數字乘法的機器。回到英國後，涂林更祕密參加了政府破解密碼部門的工作。

1939 年 9 月 3 日英國正式對納粹德國宣戰，破解德國軍事密碼的任務愈發重要與迫切。特別是德國潛艇在大西洋上橫行，而德國海軍使用代號恩尼格瑪（Enigma）的密碼系統號稱不可破解，造成盟軍非常大的威脅。最終涂林因為他在計算理論的經驗，以及統計方法的巧妙運用，成功破解了恩尼格瑪系統。

因為快速破解密碼的需求，英國情報部門加強研製電子的計算機具。涂林不僅開始學習電子方面的技術，並且暗地裡計畫製造一臺電子的通用涂林機，也就是真正的現在所謂的電子計算機。

二戰後美國方面由於馮諾依曼的積極推動，開始電子計算機的研製。英國受到這種發展的刺激，也在 1946 年以涂林的設計為基礎，成立了「自動計算引擎」（Automatic Computing

Engine）計畫。雖然涂林在計畫裡擔任首席科學家，也開創了一些包括程式語言設計的新想法，但是他對工程方面毫無影響力，結果自動計算引擎計畫完全泡湯。

涂林當年的老師紐曼此時在曼徹斯特大學建立基地，並且從皇家學會謀得一筆巨款製造計算機。紐曼請了一位雷達工程師幫他實現涂林式的內儲程式計算機，而在 1948 年 6 月成功讓涂林的構想變成實物。

影響深遠的「模仿遊戲」

涂林在密碼單位的工作經驗，讓他看到許多工作人員整天按照指示埋頭苦算，儘管完全不知道背後的動機，最終還是解決了非常困難的問題。這使他基本上揚棄了在博士論文裡論辯的立場，從而全然傾向心靈的機械觀。他於 1950 年發表了一篇思慮清晰的哲學論文〈計算機器與智慧〉（Computing Machinery and Intelligence），是人工智慧研究上具歷史意義的文獻。

據甘笛回憶：「〈計算機器與智慧〉並不是要作深入的哲學分析，而是要當作一種宣傳。涂林認為時候已到，哲學家與數學家應該認真看待計算機並不單純是執行計算的引擎，而是有能力表現出必須歸屬於具有智慧的行為。他想努力說服大家這是實情。他寫這篇文章不像在寫數學論文，他寫得又迅速又

痛快。還記得他讀某些片段給我聽時，總是面帶笑容，有時甚至還會咯咯的笑出聲音。」[7]

　　這篇論文討論的主要問題是如何分析機器會不會思考，涂林採取的方法不是思辨性的分析，而是建議一種可操作的評判標準。

　　他提出所謂的模仿遊戲（imitation game）來分析電腦的思考水準，這個遊戲的布局如下：在一個房間裡安置一臺計算機和一位助理，在另一個房間裡有一位詢問者。詢問者分別與計算機及助理以通訊管道連接起來，並且利用鍵盤敲擊出螢幕上的文字交談。詢問者事先並不知道哪一個通話的對象是計算機，他用各種各樣的問題查探兩者的真相，遊戲終結時詢問者要決定哪一個是計算機。在遊戲過程中，計算機盡量要讓詢問者猜不出自己的真實身分，而助理的作用在協助詢問者做出正確的判斷。現在一般稱呼這種類型的遊戲為涂林測驗（Turing test），如果計算機能以高成功率瞞騙過詢問者，我們就可以說計算機已有人腦思維的功能。

　　涂林自己很樂觀的認為在二十世紀末，計算機的功能可以強大到多數人不能否認它有思考能力。但是目前定期在世界各地舉行的涂林測驗比賽，仍然無法讓計算機展現接近人的思考能力。雖然如此，涂林的想法與信心不僅刺激了人工智慧的研究，也使心理學產生變革，更間接催生了當代的認知科學。人腦到底算不算是一個計算機，也成為研究人類心靈與意識上爭

論不止的問題。

天妒英才，死因眾說紛紜

　　涂林在曼徹斯特安居下來，他開始對生物成長時形態的變化產生興趣。他認為化學裡反應與擴散的非線性方程式，會導致起始的對稱形態逐漸成長出不對稱的複雜面貌。他似乎也是最先把計算機引入數學研究的人，他使用計算機的數值類比觀察他所假設的化學反應。1951 年他發表了另一篇高度原創性的論文〈形態發生的化學基礎〉（The chemical basis of morphogenesis），雖然當時並未引起什麼注意，但是現在看來卻是炙手可熱的非線性動力學的開山工作之一。

　　1952 年 3 月涂林因為他的男伴偷了東西潛逃，報警後反而被警方送上法庭審判，因為那個年代同性戀在英國還算是犯罪行為。涂林不願做任何辯護，也不認為自己的行為有錯。他面對法庭給他的兩種選擇，坐牢或是接受荷爾蒙矯正時，他寧願挑選後者。但是這種粗暴的處理方法，不僅使涂林戲說自己快長出女性乳房，更嚴重的攪亂了他的心靈。

　　涂林本來還繼續祕密幫英國情報機構工作，但是冷戰時期的嚴峻環境，使得同性戀者無法通過安全檢查，涂林也因而被判出局。他那種不太符合一般社會規矩的行為模式，更是讓安全單位放心不下。

1954 年 6 月 8 日，去他家裡打掃的清潔工發現涂林已經長眠不醒，床邊還留有咬了一半的蘋果。雖然驗屍結果說是服氰化物自殺，但涂林的母親堅信他是在搞化學實驗，不小心把殘留手上的藥物沾在蘋果上吃進肚子。現在更有人懷疑涂林說不定是冷戰時期保密防諜的犧牲品。

涂林精神永垂不朽

涂林是真正超越時代的天才，必須假以時日才能認清他對人類深遠的影響。即使是在英國那種對菁英分子較寬容的國家裡，涂林一生的待遇並未與他的貢獻成正比。1948 年他才首度獲得大學教職，加入紐曼在曼徹斯特大學建造電子計算機的團隊。他生前在學術界裡受到的最大肯定，是 1951 年因紐曼與羅素的提名當選了皇家學會會士。不過在邏輯與計算機科學的領域裡，他身後較快獲得肯定，美國計算機協會（Association for Computing Machinery）從 1966 年起設立涂林獎，做為對計算科學有貢獻人士的最高獎項。

直到 1983 年另一位同性戀的牛津數學家霍奇斯（Andrew Hodges）替他寫了一本膾炙人口的傳記《謎樣的涂林》（*Alan Turing: The Enigma*），英美大眾才對他有較全貌的認識。以這本書為藍圖的舞臺劇《破解密碼》（*Breaking the Code*），於 1986 年至 1988 年在英美兩地上演。2014 年的電影《模仿遊

戲》（*The Imitation Game*）也參考了霍奇斯寫的傳記，並且獲得奧斯卡最佳改編劇本獎，是一部非常受歡迎的佳片。

2012 年 2 月 23 日英國頂尖的科學期刊《自然》讚揚他是自古以來最偉大的科學家之一。編者的話說：「涂林的成就廣度驚人：數學家景仰他是因為他解決了希爾伯特的 *Entscheidungsproblem*，也就是所謂的『可判定性問題』；密碼學者與歷史學家會紀念他，是因為他解開了納粹德國的恩尼格瑪密碼機，有功於早日打完第二次世界大戰；工程師會向數位時代與人工智慧的鼻祖歡呼；生物學家會向形態發生學的理論家致敬；物理學家會對非線性動力學的先驅舉杯；而他對理性與直覺具局限性的意見，有可能讓哲學家皺眉頭，因為 1947 年他在倫敦數學會演講時說：『如果要期望機器永不犯錯，那麼機器就不可能有智慧。』」

1998 年 6 月 22 日英國下議院通過修改法條，使得 16 歲以上同性或異性間自願的性行為均屬合法。2013 年伊莉沙白二世女王正式赦免涂林生前的嚴重猥褻罪。2017 年 1 月 31 日頒布的艾倫‧涂林法條，赦免因英國歷史上反同性性交法律定罪的男性。當涂林誕生的房舍於 1998 年 6 月 23 日正式指定為英國的歷史遺產時，霍奇斯在揭開紀念牌儀式的獻詞裡，替涂林的人生做了一句最懇切的總結：「法律會殺人，但是精神賦予生命。」[8]

第 2 章
被老婆澆冷水而亡的自學成器者
布爾[1]

1815 年是英國歷史上特別值得紀念的一年，因為那年 6 月威靈頓公爵（Duke of Wellington）在滑鐵盧重創拿破崙，使得歐洲歷史為之丕變。不過兩百年之後再來看，威靈頓公爵對人類的貢獻，卻不及 1815 年 11 月 2 日在英格蘭東部林肯（Lincoln）誕生的喬治・布爾（George Boole）。

今日在谷歌搜尋引擎打入布爾名字的形容詞「Boolean」，結果會出現超過五千萬條目。當電腦與網路深入到生活中每個領域與層面時，做為電路運作最基本理論的布爾代數（Boolean algebra），便是最能造福人類的數學領域之一，由此可見布爾原創工作的巨大影響。

嶄露頭角的語言才能

喬治・布爾是鞋匠約翰・布爾（John Boole）的大兒子，他還有一位妹妹及兩位弟弟。在當時的英國社會，鞋匠仍然屬於低層階級。老布爾雖然是聰明的匠人，但他不專心磨練手藝改善家計，反倒愛上了科學，並且特別喜歡鑽研製造光學儀器。布爾從小就開始跟著父親學習數學，當別的 7 歲幼兒還在玩玩具時，他就經常沉浸在解數學問題的世界裡。

英國政府在 1870 年代之前，並沒有普遍設置公立的初等教育學校。布爾家的經濟能力無法支持他上所謂的「文法學校」（grammar school），所幸英國教會在 1811 年成立了「促進宗教教育國社」（The National Society for Promoting Religious Education），計畫在每一個教區都成立一所「國校」（national school），用以提供貧窮家庭小孩接受教育的機會，以便他們能安於自己的階級做個有用的人。

布爾在 7 歲時進入一所這樣的學校，但是學校能提供的課程相當有限，老布爾乾脆自己來加強兒子的閱讀力、觀察力，以及一些科學的知識。布爾 10 歲時，一位鄰居書商布魯克先生（William Brooke）自願教導布爾學習拉丁文，並且允許布爾閱讀他的藏書。布爾在 12 歲時就有能力翻譯賀拉斯（Horace）的拉丁文《頌詩》（Odes），讓父親感覺十分驕傲，便想辦法把他的譯詩發表在報紙上，不過也引起一位專家懷疑是否真正

出自如此年幼孩童的手筆。布爾在緊接的兩年裡，更加認真精進拉丁文的程度，還自學了希臘文。

　　布爾在 14 歲時進入商科學校，到 16 歲時家裡的經濟狀況愈來愈差，他必須尋求工作機會來減輕父親的負擔。在離林肯四十英里的頓卡斯特（Doncaster）一所寄宿學校，他找到一個教拉丁文與數學的助理教師職位。布爾一心努力想脫離他所存身的階級，然而，教師在當時不算像樣的職業。若想從軍，須投資取得任命。他也負擔不起獲得律師資格所耗費的金錢與時間，所以他只好走向神職的道路。

　　然而布爾嚴守邏輯的頭腦，讓他很難毫無懷疑的接受宗教的教條，特別是三位一體的主張。所以在頓卡斯特學校任職時，他不僅會在禮拜天讀數學書，有時還在教堂做禮拜時解數學問題，惹得有些學生家長向學校反映他犯了大忌。

　　除了違背宗教禁忌，他在教那些平庸學生反復練習時，常常會不耐煩而鬧情緒。布爾在 1833 年丟了教職，同時徹底放棄進入神職的希望。不過四年的準備功夫也沒有完全白費，他靠自學又掌握了運用法文、德文、義大利文的能力。離開頓卡斯特的學校後，布爾在距林肯僅四英里的瓦丁頓（Waddington）謀得一個教職。

憑一己之力開辦平民學校

在頓卡斯特的兩年裡，布爾從全力學習語言，逐漸轉向了自學數學。他現在有能力直接閱讀歐陸的數學著作，他先從一本水準一般的法文書《微分演算》開始。他承認學習的過程浪費掉很多時間，不過最後他把自己的程度提升到能讀懂一些數學名著，例如拉格朗日（Joseph-Louis Lagrange）的《分析力學》、拉普拉斯（Pierre Simon Laplace）的《天體力學》、牛頓（Isaac Newton）的《自然哲學的數學原理》、卜瓦松（Siméon Denis Poisson）的《力學專論》。布爾後來告訴朋友，他的學習方法就是純粹靠意志力，不斷反復閱讀，一遍又一遍終至豁然貫通。

十九世紀初正是英國工業革命的興盛期，有些工業鉅子捐資成立所謂的技工學社（Mechanic's Institute），是一種成人教育的機構，提供勞動階級一些技術課程，目的在使工廠能招募到知識與技術比較良好的職工。技工學社也是勞動階級的圖書館，讓他們在賭博與上酒館之外，能有消磨時間的地方。1834年林肯郡成立了技工學社，老布爾被委以管理圖書的職責。學社的負責人捐贈了整套皇家學會的出版品，讓布爾有機會通過父親的關係探索其中的數學寶藏。

為了就近照顧家庭，布爾在 1835 年搬回林肯，經營起自己的日間學校。因為牛頓是林肯郡出身的偉大科學家，當年林

肯技工學社的主要贊助者雅玻羅爵爺（Lord Yarborough）捐贈給學社一尊牛頓的大理石塑像。布爾的能力與博學在林肯已經相當有名，雖然他還不滿 20 歲，可是大家公推他在林肯著名大教堂舉辦的獻禮上，演講〈牛頓爵士的天才與發明〉。他的講辭獲得出版，展現了他用心學習拉丁文而磨練出來的典雅文筆，因而也贏得林肯郡更多人的尊敬。

1838 年布爾原來任職的瓦丁頓學校校長過世，他應邀返回擔任校長。他把全家搬到瓦丁頓，經濟狀況也得到相當好的改善。兩年後他就有能力在林肯郡購買房地產，再次開辦自己的學校。在這段搬來搬去的年代裡，布爾不但沒有停止鑽研數學，甚至寫出兩篇論文。但是誰會出版一位沒上過大學、沒學位的平民學校校長的數學著作呢？

孜孜不倦的數學研究熱誠

千里馬也需遇見能賞識牠的伯樂，布爾的伯樂就是年長他不足三歲的蘇格蘭數學家格里高利（Duncan F. Gregory）。格里高利擔任 1837 年新發行《劍橋數學期刊》（*Cambridge Mathematical Journal*）的主編，願意刊出一些非主流的論文。布爾把文章投給了這本年輕的期刊，格里高利沒有輕視布爾的出身，迅速辨識出他的原創力，並且熱心的協助他改進寫作上的不足，在 1840 年先後刊登了布爾的三篇論文。

1841 年布爾發表了〈線性變換一般性理論之闡述〉（Exposition of a general theory of linear transformations），開創了不變量理論的研究領域。所謂不變量可以大略描述如下：考慮二元二次齊次式 $ax^2 + 2bxy + cy^2 = 0$，現在把變數作線性變換 $x = \alpha x' + \beta y'$，$y = \gamma x' + \delta y'$，然後代入前式便得

$$A(x')^2 + 2B(x')(y') + C(y')^2 = 0，$$

其中

$$A = a\alpha^2 + 2b\alpha\gamma + c\gamma^2，$$
$$B = a\alpha\beta + b(\alpha\delta + \beta\gamma) + c\gamma\delta，$$
$$C = a\beta^2 + 2b\beta\delta + c\delta^2。$$

現在不難驗證

$$B^2 - AC = (\alpha\delta - \beta\gamma)^2 (b^2 - ac)，$$

所以新的判別式 $B^2 - AC$ 是原有判別式 $b^2 - ac$ 乘上一個因數 $(\alpha\delta - \beta\gamma)^2$，而該因數完全由變數變換時的係數 $\alpha, \beta, \gamma, \delta$ 所構成。這種現象就是說判別式是原來二元二次齊次式的一種不變量（invariant）。

　　布爾擴大考慮不變量的範圍，從二元二次齊次式推廣到有 m 個變數的 n 次齊次式。他想知道由齊次式係數構成的式子中，有哪些會在變數的線性變換下展現類似的不變性。對於四次齊次式，他找到幾個不變量。布爾雖然開啟了不變量的研究，但是他沒有繼續深入追索下去。在英國讓不變量研究成為活躍領域的主要數學家是緊接布爾之後的凱萊（Arthur Cayley）與西爾維斯特（James Joseph Sylvester）。

　　布爾的數學能力經由在《劍橋數學期刊》發表論文而得到肯定，他開始動念頭想去劍橋大學攻讀學位。當他向格里高利徵詢意見時，才知道在劍橋一年的學費與生活費，差不多是英格蘭銀行行長半年的薪資。而且布爾一旦去劍橋念書，自己開設的學校就必須收攤，全家的經濟來源也將斷絕。這些現實的因素，使得布爾不得不打消追求劍橋學位的想法。

　　雖然去不成劍橋，布爾研究數學的熱誠卻絲毫不受影響。他持續在《劍橋數學期刊》發表論文，而且深度與長度都在增加。1843 年，他所撰寫的〈論一種分析裡的一般方法〉（On a general method in analysis）文稿長度，超過了格里高利所能接受的上限，他於是建議布爾改投聲譽卓著的《倫敦皇家學會學報》（*Transactions of the Royal Society of London*）。經過一番周折後，該文不僅得以發表，還在 1844 年 11 月替布爾贏得一枚皇家獎章，那是為頒給 1841 年至 1844 年間《倫敦皇家學會學報》刊登的最佳數學論文所設。

　　布爾獲獎論文的主題，是研究使用符號代數解決微分或差分方程。他把微分的 $\dfrac{d}{dt}$ 與差分的 Δ 看作是符號運算元，檢討它們的運算規則。這種符號代數的觀點，正好是當時英國自主發展的一套數學觀。認為代數演算裡的符號 x、y、z 不必然要代表數，而可以當作獨立的研究對象。在設定的基本規則範圍裡，得以抽象的推導出各種結論。

　　一旦符號從與數的緊密結合中解放出來，代數學的應用範圍就大為擴充。英國雖然出過發明微積分的牛頓，但是到十九世紀世界數學的重心已然落在歐洲大陸，符號代數的建立是英國再度深刻影響後世數學發展的新契機。

　　萊布尼茲（Gottfried Wilhelm Leibniz）曾經說過：「維持我們推理正確的唯一方法，就是做到像數學家那樣實在，使得一眼便能看出錯誤。倘若彼此之間發生論爭，只需直接了當說：不必忙亂，讓我們計算（calculemus）看看到底誰對。」[2] 這種把數學引入邏輯的態度影響了布爾，使他嘗試把符號代數方法用到邏輯的問題上。

　　1847 年布爾為了支持朋友笛摩根（Augustus De Morgan）與別人關於邏輯問題的論戰，出版一本小冊子《邏輯之數學分析》（*Mathematical Analysis of Logic*）。七年之後，從這本小冊子開端的探索，終於發展成布爾一生最具影響力的傑作《思想法則之探討，並以其建立邏輯與機率的數學理論》（*An Investigation of the Laws of Thought, on Which are Founded the*

Mathematical Theories of Logic and Probabilities）。羅素曾經讚揚說：「布爾在自稱為思想法則的著作裡，發現了純粹數學。」[3]

人生巔峰，卻劃下愕然句點

1849 年是布爾命運翻轉的一年，他獲得愛爾蘭柯克（Cork）大學新成立的皇后學院延聘，擔任首位數學教授。布爾既無學位又非出身上層階級，完全憑藉自己的刻苦努力，在英國數學界闖出了名聲，他的著作能獲得皇家獎章，也是贏得教授職位的有利因素。

此時，布爾父親已經過世，母親不願搬遷到愛爾蘭。布爾的教授薪資相當優渥，他有能力安頓好母親的贍養開支，就單身懷抱著熱情迎接愛爾蘭的新生活。布爾的林肯鄉親以他為榮，替他舉行盛大的餞行，並致贈銀質墨水臺及昂貴書籍。在布爾過世後，還在林肯大教堂製作紀念布爾的彩色玻璃窗，以《聖經・撒母耳記》的故事為圖案。[4]

布爾在柯克的學術生活是一連串的榮耀紀錄。1852 年他得到都柏林大學的榮譽博士，1854 年出版了《思想法則之研究》，1857 年獲選為倫敦皇家學會會士，1858 年因為在機率論的貢獻，獲得愛丁堡皇家學會的論文金獎。1859 年他獲頒牛津大學的榮譽博士，也出版了《微分方程專論》（*Treatise on Differential Equations*），接著在次年出版《有限差分演算專

論》（*Treatise on the Calculus of Finite Differences*）。

布爾的私生活在柯克也發生根本的變化。皇家學院的副院長及希臘文教授賴爾（John Ryall）是布爾的好朋友，1850 年賴爾的 18 歲甥女瑪麗‧埃佛勒斯（Mary Everest）來訪便認識了布爾。瑪麗是地理學家喬治‧埃佛勒斯（George Everest）的姪女，西方就是以喬治‧埃佛勒斯的姓氏來命名世界最高峰珠穆朗瑪峰。雖然年齡與階級都有相當大的差異，布爾與瑪麗還是在 1855 年結成連理。他們的婚姻相當美滿，在 1856 年到 1864 年間共生了五位女兒。

當布爾的人生，無論是教學、研究、還是家庭生活，都在完美的顛峰狀態時，1864 年 11 月 24 日一項嚴重的判斷失誤，卻不幸讓布爾戛然殞落。

那天，布爾像往常一樣走路去學校，但是途中突遭暴雨襲擊淋成落湯雞。因為他不願耽誤上課，所以不及更換溼透的衣裳，便直接登上講臺。結果他不僅得了感冒，還惡化成肺炎。

瑪麗是哈內曼（Samuel Hahnemann）宣揚的順勢療法（homeopathy）的信徒，認為應該用得病的原因來治療所得的病。布爾因此被擺在浸溼被單的床上，甚至有記載說瑪麗還用一桶桶的冷水澆向布爾。一位懷著炙熱愛心的妻子，最後卻徹底澆冷了丈夫的軀體，那時布爾還未滿 50 歲。

其實瑪麗並不是一位無知的女人，只是小時候父親接受哈內曼的指導，必須給孩子們嚴格的訓練，例如洗澡要用冰冷的

水，早餐前要長途步行，以及嚴格的飲食規矩。所以瑪麗對順勢療法深信不疑。

瑪麗從小熱愛代數，她與布爾的結合是有志氣相投的成分。她曾參與布爾的微分與差分方程書籍的編輯工作，在布爾過世後，她自力更生成為兒童數學教育的專家，還出版過一本兒童讀物《代數的哲學與樂趣》（*Philosophy and Fun of Algebra*）。她獨自養大了五位女兒，都有相當突出的人生，大女兒的後代包括獲得 2018 年涂林獎的辛頓（Geoffrey Everest Hinton）。[5]

布爾過世後不久，倫敦一本雜誌刊登了追悼文，雖然推崇《思想法則之研究》是布爾的重要著作，但是說此書「預期的讀者本就極為局限，實際上也只觸及甚少的對象。」這個評價在當時也許有幾分道理，但是到了 1937 年香農（Claude Shannon）把布爾的邏輯代數與電路設計結合起來之後，布爾從此成為電腦時代的先驅天才，也是數學史上永不會磨滅的名字。

發明 Mathematica 程式語言的沃弗蘭（Stephen Wolfram）在一篇紀念布爾 200 歲的文章中展示了一張圖，[6]可看出自 1950 年以來論文中出現 Boolean 這個字的頻率數持續而顯著的增長，可見布爾的影響力與日俱增。

布爾故事的啟發

布爾的生平除了是一個勵志的故事之外，還有深具意義的思考點：

一、主流與非主流之分：在布爾的時代，英國數學被歐陸數學家看輕。但是英國數學家另闢蹊徑，不僅開創了不變量理論的研究，也發揚了代數的抽象化，這些成就到十九世紀後期反過來深刻影響了歐陸的數學發展。所以數學研究的主流、非主流很難正確預見，包容數學的多元發展才是讓數學生命旺盛的不二法門。

二、實用與純粹之別：布爾從分析人類推理時的純粹規律，發展出邏輯代數系統，這些系統在實用上的效益並不在他考慮的範圍，這也就是羅素所說，布爾發現了「純粹」數學的出發點。但是後世的發展，卻證實了布爾代數是最有實用價值的數學理論。所以純粹與應用數學的界線並不能刻板劃分，數學的驚人威力，正在於意想不到題材間最終能夠建立起關連，因此數學的發展不應以短期的功利目標為評鑑標準。

三、獨立思想之必要：布爾的自學經驗告訴我們，在孤立的環境中學習與研究數學雖然有一定程度的艱辛，但是並非絕

無可能突破困境。尤其今日網路資源豐富，各地愛好數學的人不可能與國際學界不通聲息。但是要作出真正有影響的研究成果，必須穩固好獨立思想的意志，不要輕易跟著潮流飄蕩。

第 3 章
以邏輯建構神經網路的奇才皮茨

　　馮諾依曼是二十世紀最具影響力的全方位數學家，他的成就觸及集合論、量子理論、算子理論、博弈論，從純粹到應用數學的多個領域。他也直接參與曼哈頓計畫，為美國第一顆原子彈的研製做出了貢獻。

　　馮諾依曼是將通用涂林機的理念付諸實際建造的先鋒，他採用二進位邏輯；程式與資料等量齊觀的內儲與執行；以及電腦組織劃分為五大區塊（運算器、控制器、記憶體、輸入裝置、輸出設備），這種設計成為現在人稱馮諾依曼式結構體系。

　　1945 年馮諾依曼寫了一份極為重要的報告《EDVAC 報告書的第一份草案》（*First Draft of a Report on the EDVAC*），文末只列出一篇參考文獻，就是由麥卡洛克（Warren McCulloch）與

皮茨（Walter Pitts, Jr.）合作的〈神經活動中內在思想的邏輯演算〉（A Logical Calculus of Ideas Immanent in Nervous Activity）。

　　這篇關鍵文獻主要的貢獻如下：[1]

1. 一種建立在抽象神經元上的計算模式，啟發了後續在計算理論上非常重要的自動機理論的發展。
2. 一種設計電腦邏輯的技術，影響了現代電腦硬體的設計。
3. 創新建立心與腦的計算理論。

卡關的「心靈原子」迴圈困擾

　　麥卡洛克與皮茨的論文發表在 1943 年，當時已經有一批生物物理學家嘗試用數學方法研究神經網路。他們與眾不同的地方在於使用邏輯與計算的數學結構，解釋神經的機械性活動是如何有可能匯出心靈的功能。所謂計算的數學結構就是以涂林所發明的電腦（一般稱為涂林機）理論為依據。在他們之前，無論是涂林還是其他人，都不曾在心靈／大腦問題上使用過數學形式的計算理論。他們會採取這樣的理論創新，跟麥卡洛克的長年知性發展相關。

　　麥卡洛克雖然是一位神經生理學家，但他對數學與哲學懷有高度的興趣，也在大學及研究生階段修過一些相關的課程。

他一直認為神經生理學的目標在於通過神經的生理機制來解釋心靈現象，而感嘆於科學家沒有付出足夠的關注來建立這樣的理論。

1920 年代中期，當麥卡洛克還在醫學院學習時，他創造了一套自稱為「心靈原子」的想法，準備把心理現象化約為這些心靈原子的關連與活動。每個心靈原子代表的心理現象都極為簡單，要麼發生了，要麼沒有發生，是一種二元的取向。心靈原子之間是按照時間的順序相關連，每個心靈原子啟動的條件是連結它的心靈原子都啟動了，而它的啟動又影響到後續心靈原子的啟動。

麥卡洛克很想替自己發明的心靈原子構建一套類似命題邏輯的演算體系，但是他遭遇到困難，就是心靈原子之間串接出來迴圈時該怎麼辦，那時一個心靈原子發出的信號，最終又返回來影響自己，周而復始迴盪不已。

到 1929 年麥卡洛克有一個新的體會，就是大腦神經元的電流信號，是按照全有或全無的方式傳遞，恰恰好來模擬心靈原子的基本動作。因此他想到利用布爾代數來描述神經網路的行為，從而大腦就內涵了一種邏輯計算，頗為類似懷特海與羅素所合作的《數學原理》裡的符號體系。

麥卡洛克在建構理論的過程中，最困擾他的問題還是原來心靈原子的迴圈問題。一直到他遇到小朋友皮茨，才獲得滿意的解決方案。

那個會邏輯的送報生是誰？

皮茨的生命故事頗多非比尋常的地方，因此也就染上了傳奇的色彩。特別是有關他的故事，大部分來自他的好友萊特文（Jerome Lettvin）的回憶，細節免不了有些加油添醋之嫌。

皮茨出生在底特律一個勞工家庭，父親是只會操拳頭教育兒子的粗人。皮茨 12 歲的某一天，他又被街上一群痞子找上麻煩，他為了躲避挨打，一溜煙躲進附近的公共圖書館。皮茨本來就很愛好學習，他從圖書館裡獲得的知識，已經遠遠超出同齡人的程度。那天他在成排書架裡逛來逛去，一套書抓住了他好奇的目光，那就是懷特海與羅素合著的三卷「天書」《數學原理》。書裡充滿了各種各樣的奇怪符號，用來講如何從最簡單的邏輯一步步建立起整個數學系統。

「天書」不僅難以卒讀，也極少有人會對討論的主題感興趣，但它確實是一本二十世紀初期的學術名著。接下去的三天裡，皮茨都泡在圖書館裡，不僅一口氣把兩千多頁「天書」吞下去，還在第一卷裡找出一些他認為嚴重的錯誤。

之後，小皮茨寫了一封信給羅素，告訴他應該改正的地方。羅素回覆了一封相當客氣的信，並且邀請皮茨來英國劍橋當他的研究生。當然羅素完全沒想到來信者只是一位 12 歲的少年，而皮茨也沒有條件去英國留學，不過從此皮茨堅定起研究邏輯的決心。

　　三年以後，羅素去芝加哥大學講學，皮茨不知從哪裡知道
了這個消息，他毫不猶豫的奔赴芝加哥，一生再也沒有回去令
他飽受折磨的家。沒有學歷的皮茨無法在芝加哥大學註冊成為
正式學生，他靠打零工為生並且旁聽羅素的課。在羅素的課堂
上他認識了正準備上醫學院的萊特文，從而結為終生摯友。

　　此時著名的維也納學派哲學家卡納普（Rudolf Carnap）正
在芝加哥大學任教，有一天皮茨拿了一本卡納普新出版的邏輯
書走進他的研究室，書頁上寫了不少皮茨的批注或意見。皮茨
並沒有先做自我介紹，就跟卡納普高談闊論起邏輯，討論完畢
又悶不吭聲的跑了。

　　有好幾個月卡納普都在到處打探「那個會邏輯的送報生」
在哪兒？卡納普最終找到了皮茨，並且說服大學當局給皮茨一
個勞力活，那對於無家可歸的皮茨可幫了大忙。

周旋大師間的解惑者

　　1941 年 9 月麥卡洛克來到芝加哥大學任教，他先認識了
萊特文，然後萊特文再把皮茨介紹給他。他們三人擁有一位共
同的偶像，就是啟蒙時代的博學大師萊布尼茲。萊布尼茲預想
一種思想的字母，用來建立普遍性的符號語言，以邏輯的結合
方式及計算手段，判定有關理智的問題。

　　麥卡洛克告訴兩位年輕朋友萊布尼茲的理想目標，也認為

懷特海與羅素的《數學原理》提供了可行的方法。最重要的是他認為一個神經元接受其他神經元傳來的信號，當刺激到達某種閾值時，就會激發而傳送信號給下一個神經元。這是一個全有或全無的二元操作，類似於命題的真或偽，所以適當的建立神經網路便有可能實現《數學原理》的邏輯系統。如此從神經元到理智的邏輯操作，不就實現了心靈的機械觀嗎？

麥卡洛克的個性開朗不拘小節，家中不時高朋滿座談論各種話題，從文學、科學到政治，像極了波希米亞人的生活。他既然與兩位年輕朋友談得來，就乾脆請他們住進自己家中。特別是皮茨擅長邏輯演算，更能協助麥卡洛克構築他心目中的理論。兩人常在麥卡洛克的妻子與三個子女睡覺後，斟滿酒杯徹夜討論，樂此不疲而不知東方之既白。他們的努力終於獲得豐碩的成功，也就是 1943 年發表的劃時代名作〈神經活動中內在思想的邏輯演算〉。

1943 年萊特文已經來到哈佛大學醫院神經科實習，另外一位實習生說要介紹他認識一位遠房親戚維納（Norbert Wiener）。維納是一位早熟的天才，在純粹與應用數學都有多方面的貢獻，其中相當為人稱道的一項發明是控制論（cybernetics）。

當兩位實習生第一次拜訪維納時，維納一直抱怨得力助手因滑雪受傷，造成他工作上的不方便。萊特文因此向維納推介好友皮茨的超群本領，足以勝任助手工作。但是維納不相信有

此等高手的存在，於是萊特文聯繫麥卡洛克一起替皮茨買了來回波士頓的車票，要讓維納親自考驗考驗皮茨的能耐。

當萊特文帶皮茨去麻省理工學院維納的研究室時，維納二話不說立刻把皮茨拉到隔壁教室的黑板前，要講自己遍歷性定理的證明給皮茨聽。只一會兒，皮茨就開始問問題，並且提出自己的想法與建議。教室的兩面牆都是黑板，當第一塊黑板寫滿後，維納已經很心滿意足的找到了新助手。維納日後曾經表示皮茨「毫無疑問是我遇過最強的青年科學家。……日後他如果躋身美國甚至全世界同世代中最重要的二、三位科學家之列，我也絕不會感覺意外。」[2]

維納甚至安排沒有高中文憑的皮茨來麻省理工攻讀博士學位，這種安排在芝加哥大學是絕無可能的。因此皮茨欣然搬遷到波士頓，開始跟世界上最具影響力的數學家學習。皮茨雖然在維納的羽翼下活躍於大波士頓區的科學界，他卻只有在1943–1944學年於物理系，以及1956–1958學年於電機與電腦系正式註冊為研究生。

因為生物學家多半對邏輯工具並不熟悉，〈神經活動中內在思想的邏輯演算〉發表後，沒有馬上引起他們的重視，所以維納要求皮茨把神經網路功能改善得更接近真實的大腦。因為大腦裡神經元的數量是如此龐大，自然需要引入統計工具，而維納正是隨機方法的大師。另外，維納也理解到皮茨的神經網路有機會用機器實現，從而提供了以人造物展現心智性質的可

能性，同時成就了他的控制論革命。

不久，維納在普林斯頓的一場研討會上把皮茨介紹給馮諾依曼，後者非常賞識並肯定這位年輕人的才華與貢獻。

用不了多久時間，環繞著維納、馮諾依曼、麥卡洛克、皮茨、萊特文形成一個所謂的控制論學圈，皮茨成為其中最耀眼的天才，大家想要發表論文都先請他過目獲得認可。

根據萊特文的回憶：「在化學、物理以及任何你談論的歷史、生物等等話題上，皮茨的學養都無與倫比。當你問他一個問題後，你會獲得簡直像一整本教科書的答覆……對他而言，整個世界都是以一種複雜而奇妙的方式連結在一起。」

麥卡洛克也曾向卡納普表示過，皮茨在學術上簡直是葷素不忌，什麼學科的東西他都很在行，更能閱讀拉丁文以及希臘、義大利、西班牙、葡萄牙、德國等國文獻。要動手的技藝他也很拿手，像是焊接、組裝收音機、設計電路他都可以自己來。麥卡洛克承認「在我這麼長的人生中，還沒見過其他如此博學又熟練實務的人。」

最終皮茨完成一篇相當長的博士學位論文，探討在三維空間中實現他的神經網路模式。然而皮茨有一個讓人費解的偏執，就是他不願在公開場合簽下自己的名字，所以他那沒有簽名的博士論文不曾得到校方接受。

其實有沒有博士頭銜已經不那麼重要，因為 1954 年 6 月出版的《財富》雜誌，報導了 20 位 40 歲以下最有潛力的科學

家，皮茨已經名列其中了。

科學新星走向自我毀滅

　　1951 年麥卡洛克獲得麻省理工學院的延聘，重新與皮茨、萊特文在波士頓會師，展開令人振奮的學術研究。麥卡洛克仍然延續他在芝加哥的波希米亞式的自在生活，經常請朋友來家中放蕩形骸，這種社交方式讓十分保守的維納夫人極端不滿。麥卡洛克在芝加哥胡鬧也就算了，現在跑到波士頓豈不帶壞了維納？

　　維納夫人乾脆捏造了一個謊言，說女兒去芝加哥時住在麥卡洛克家中，他那群「少爺們」曾經調戲她。維納除了學術，其他生活事項都聽任老婆擺布，於是他立刻與皮茨、萊特文斷交，而且沒有告訴他們斷交的理由。這種不合邏輯的舉動，讓尊維納似父的皮茨難以理解，精神遭受極大的打擊。

　　皮茨遭受到的另外一項心理衝擊，來自他參與有關青蛙視覺的實驗。這項實驗顯示，青蛙的視網膜並非被動的把外在圖像傳給大腦去處理，而是會先做一些對比、曲率、運動的分析。也就是說，即使大腦的神經元按照清晰的邏輯法則計算資訊，那些含混的類比式程序在視覺處理上同樣重要。邏輯遠不如皮茨期望的那樣居於優勢的領導地位，這使他非常失望。

　　雖然皮茨不肯吐露，但是像萊特文這樣的鐵杆好友不難感

覺出，在失去維納的友誼之後，這項實驗結果更加深皮茨的失落感。

皮茨曾經在寫給麥卡洛克的信中透露：「在過去兩、三年裡，我注意到自己日漸抑鬱與沮喪。造成正向的價值好像從世界消失，沒有什麼值得費勁去做，所有我做的事情或遭遇的情況，全都沒什麼要緊了。」現在人們對於憂鬱症的認識比上世紀中葉進步許多，可以看出其實皮茨逐步陷入憂鬱症的窘況。

維納與皮茨的決裂以及蛙眼實驗的打擊，即使不是皮茨憂鬱症的起因，也相當程度惡化了病情的發展。皮茨開始酗酒並迴避與朋友相聚，讓人感覺他怪誕的地方不僅是不肯在博士論文上簽名，後來甚至把博士論文一把火燒個乾淨。名義上皮茨還掛名為麻省理工學院員工，但是他常常搞失蹤，讓朋友遍尋不見。萊特文說：「眼看他把自己毀滅，真讓人痛心。」

《財富》雜誌推崇的科學新星皮茨，光芒就這麼不堪的日漸黯淡下去。1969 年 5 月 14 日皮茨孤伶伶的逝去，死因是肝硬化引起的食道靜脈破裂。僅僅四個月後，與他情同父子的麥卡洛克在醫院裡安詳往生。當皮茨接近生命的終點時，可能認為用邏輯建立大腦神經運作的理想，只是一場空歡喜的追尋。

在皮茨身後，雖然心智哲學方面一直有所謂「連接主義」（connectionism）的主張，但是用電腦類比神經網路方面，受限於硬體計算能力的局限，長期難以大規模實現。直到 2006 年辛頓發表了一系列關於深度學習的論文，以及近年在硬體方

面的革新精進，神經網路的復興與榮耀終於來臨。以深度學習為核心的人工智慧應用，已經沁潤入日常生活的方方面面。

正如北周庾信《徵調曲》中所言：「落其實者思其樹，飲其流者懷其源。」在人工智慧當道的時代，讓我們不要忘卻皮茨的創造，並應感謝他對人類文明的貢獻。

第 4 章

籠罩拉馬努金的那些陰影

　　2020 年 4 月 26 日是數學史上最神奇的天才拉馬努金
（Srinivasa Ramanujan）的百年忌日，他雖然給世界留下極為豐
富的知識遺產，令人惋惜的是他的生命只有短暫的三十二年。

　　拉馬努金創造出許多超越同時期數學家的成果，但是因為
他沒有接受過正規數學教育，研究方法顯得比較古老，因此在
他身後有一段歲月裡，名聲只在專家的小圈子裡流傳。

　　1976 年美國賓州州立大學教授安德魯斯（George Andrews）
在劍橋大學圖書館發現了拉馬努金遺留的手稿，類似於先前公
開過的兩大本筆記，這本「遺失的筆記」寫滿神祕數學式子卻
沒有證明細節，因此重新引起數學界研究拉馬努金的熱潮。

　　時至今日，拉馬努金的思想甚至花開葉散到統計力學、粒
子物理、弦論、電腦代數、密碼學及圖論等領域。對於拉馬努

金這種絕世天才的學術成就，常人也許只能膜拜而無力理解。但是做為血肉之軀，天才的人生也難免有各式各樣的陰影，倒讓我們有機會將心比心，加以貼近。

120 條看似奇怪又難懂的公式

印度東南部的商業與行政中心清奈（Chennai）在 1996 年以前名為馬德拉斯（Madras），是由英國殖民者於十七世紀所建立。1913 年 1 月 16 日馬德拉斯的一位小職員寄信給英國劍橋大學著名數學家哈代，首尾分別是這麼寫的：

> 請容我自薦如次，在下為馬德拉斯港務信託處會計室職員，年薪僅 20 英鎊。今年約 23 歲，未受大學教育，但曾就讀一般學校。自畢業之後，利用公餘閒暇鑽研數學。雖未按部就班學習大學正規課程，卻能自闢蹊徑。特別是廣泛研究發散級數，本地數學家咸認所得結果「出人意表」。

> 懇請您審閱所附論文。倘若您確信其中有任何價值，因我貧窮，請助我將定理予以發表。我雖未提供研究詳情與完整結果，然已勾勒出探索的輪廓。又因我缺乏經驗，您能給的任何建議，均將萬分珍惜。[1]

寫信者拉馬努金出生於 1887 年 12 月 22 日，其實他當時已經 25 歲。這封長達 11 頁的來信包含約 120 條看似奇怪而難懂的公式。例如下式無窮個正數加起來成為負的分數，難道不是顯然錯誤嗎？

$$1 + 2 + 3 + 4 + \cdots = -\frac{1}{12}。$$

哈代與好友李特伍德徹夜研讀了拉馬努金的結果，從那些奇妙而不知何處導來的式子裡，窺見一位不世奇才的降臨。哈代甚至向羅素炫耀自己發現了第二個牛頓。

哈代在 2 月 8 日回覆拉馬努金的信中，催促他趕快寄來完整的證明。拉馬努金在 2 月 27 日給哈代的第二封信中說：

> 在目前階段，只希望求得像您如此有聲望的教授，肯定我確有一些價值。我已經是食不果腹的人了，如要保持頭腦存活，我需要食物，也正是目前的首要考慮。您鼓勵我的片語隻字，都有助於我獲得此地大學或政府的獎學金。[2]

這回拉馬努金又增加了一些公式，但是仍然沒有提供證明。使得哈代在 3 月 26 日的回信裡，甚至做出如下的辯解：

李特伍德先生提醒我，你不願意提供證明的理由，可能
是顧忌我會如何使用你的成果。讓我很坦率向你表白，
你手中已經掌握三封我給你的長信，*其中我明確的說
到你已證明，或者宣稱有能力證明的結果。……很顯然
如果我企圖不當使用你的成果，你將十分容易揭發我。
我相信你會包涵我如此直率的表態：如果我不是真實而
迫切的想看到如何協助你謀求更好的機會，使得你能夠
一展明顯的數學天賦，我就不會做這一切了。[3]

　　在西方學術界的傳統或習氣中，非常計較誰最先作出什麼
結果，不時為爭奪優先權發生糾紛，最著名的有牛頓與萊布尼
茲關於發明微積分的爭議。但是拉馬努金根本沒有接受過西方
學術界的洗禮，簡直就是化外之民，他對於得出精采結果的興
致，顯然高過記錄推算的步驟。

　　拉馬努金在印度只自學過五本數學書：一本三角學、
兩本微積分、一本橢圓函數，以及最主要的卡爾（George
Shoobridge Carr）所編寫的《純粹數學初等結果概要》（*A
Synopsis of Elementary Results in Pure Mathematics*），此書羅列
4,865 條公式而鮮少附加證明。以拉馬努金的數學天賦，循序
漸進確實有可能補足公式成立的道理，他或許是從這本書見聞

---

*　　其實拉馬努金只收到兩封。

習染了列出結果卻省略證明的做法。

哈代的回信多少有點傷到拉馬努金的自尊，他在 4 月 17 日給哈代的信中辯解道：

> 經李特伍德先生建議而您寫下的表白，有些令我感受刺痛。我一點都不擔憂別人使用我的方法。恰好相反，在過去八年中我掌握了這些方法，卻沒有找到任何能理解的人。在前封信中我表示過，您是位產生共鳴的友人，因此我願意將區區所得，盡皆交付與您。正因為我使用異於尋常的方法，使我即使現在仍怯於傳達我是如何沿著自己的路徑，獲得那些已經告訴過您的結果。不過在這封信裡，我將嘗試給出您們能接受的證明。……我的英文純熟程度不佳，以致很難在整理思路之後，表達成得以見容於您的形式。對於有關質數分布的公式，這次我將嘗試給出證明。[4]

從拉馬努金的信中可看出，無論是數學或英文他都存在心理上的陰影，所以特別渴望別人的肯定。其實分析拉馬努金每封信裡數學內容的對錯，都令哈代十分耗費心力。幾乎到 1914 年底哈代才再次回信，其中說道：

> 說實話，質數理論充滿了陷阱，想要克服困難必須經過

現代嚴密方法的完整訓練，那是你自然缺乏的。我希望
你不要被我的批評喪氣。我認為你的論證非常突出又具
創意。你證明了你曾宣稱獲得證明的結果，就已經是整
個數學史上最了不起的數學成就了。[5]

無法承受的尋夢代價

　　其實在哈代之前，拉馬努金也曾寫信給另外兩位教授求取
認可，但是他們都以為來信者未受正規訓練，不值得加以回
應。拉馬努金終於找到哈代這位貴人，經由哈代及多方面協助
下，1914 年 3 月 17 日拉馬努金離開了印度，在 4 月 14 日抵
達英國，從此展開一段數學史上最傳奇的合作關係。

　　拉馬努金抵達英國不久後就爆發了第一次世界大戰，包括
李特伍德在內，不少劍橋師生都離校參加抗戰。在這種氛圍
裡，拉馬努金除了感覺寂寞，還要適應文化上的差異，以及英
國的寒冷天氣。根據劍橋一位印度朋友回憶，曾看見拉馬努金
在宿舍烤火，便問他睡覺時夠不夠暖和？拉馬努金說有穿大衣
裹圍巾。朋友見床上幾層毛毯都平整鋪妥，而上面覆蓋的白布
單卻有用過的痕跡。原來拉馬努金不知道英國人的習慣，是要
把毛毯揭開將身子鑽進去，他卻蓋著白布單和衣而眠。

　　在印度的種姓制度裡，拉馬努金的家族屬於婆羅門，因此
他是堅定的素食者，也使他在英國的生活平添了非常多困難。

學院餐廳的大廚根本不會做印度式素食，即使他們能烹調一些蔬菜，拉馬努金還嫌鍋具已經沾染過葷油，結果他只好自己準備飯菜。適合他的食材不要說戰時，就是平時也不容易在劍橋購得，所以他的營養就很難獲得充分補充。

另外，劍橋學者主要進行交流的場合是學院餐廳，然而因為拉馬努金的素食習慣，他從來不曾現身餐廳。這也令他更加孤立，從而不時產生沮喪與抑鬱的情緒。還有，拉馬努金經常廢寢忘食鑽研數學 30 小時，然後蒙頭大睡 20 小時。這種不利於健康的作息方式，更是逐漸損害了他的身體。

不明病症煎熬身心

根據哈代的追憶，1917 年春季拉馬努金的健康開始出現問題。他在夏季進入劍橋一家療養院，之後就不曾長時間脫離病床。他輾轉住過好幾處療養院，直到 1918 年秋季病況才有些好轉。這段期間，拉馬努金的心理健康也讓朋友擔心，他甚至在 1918 年 2 月跳下倫敦地鐵軌道企圖自殺，幸好車子及時煞住未釀成悲劇。

在居住療養院的時期，拉馬努金不願改變口味濃重的馬德拉斯素食，更是不利於健康的恢復。他的一位好朋友拉馬林甘（Alampadi Subbaraya Ramalingam）在 1918 年 1 月 23 日給拉馬努金的信中說：「你那麼堅持自己的口味讓我印象深刻。在劍

除自己口味，或者固守口味而剷除自己之間，你必須做出選擇。你必須使自己喜歡麥片粥、燕麥、奶油等。有人建議我勸你少吃醃製食物與辣椒。」[6]為了拉馬努金的迅速康復，他的朋友要他「講理一些，別固執了」，甚至建議他吃魚肝油。然而拉馬努金繼續我行我素。

拉馬努金在英國的病歷現在都已不存在，後人從親友存留的信件中可梳理出一個輪廓。最早醫生懷疑他有消化道潰瘍，後來多半按照肺結核來治療。1918 年 11 月哈代的信中又說，醫生們的共識是他感染了來源不明的膿血症。

1919 年 2 月 27 日拉馬努金終於登上輪船，告別停留了五年的英國。朋友們都希望他能在印度溫暖天氣以及可口食物的調養下，徹底恢復健康。遺憾的是拉馬努金返國後不久宿疾再發，除了斷斷續續的高燒之外，有時還伴隨劇烈的胃痛。雖然太太嘉娜奇・阿瑪爾（S. Janaki Ammal）盡心盡力照顧他，仍然不幸英年早逝。

拉馬努金生前一直無法確診到底得了什麼病，根據一項 1994 年的分析，他極可能早年感染了肝阿米巴蟲。以 1918 年的醫療水準而言，這是一種不易正確診斷的致命熱帶疾病。治療他的醫生在他過世第二天的日記裡寫下：

> 如果拉馬努金能遵照我的醫囑，1920 年 4 月 26 日的死亡其實有可能避免⋯⋯他染病初期遭受了輕忽——也許

　　是他周邊的人知識不足的關係⋯⋯令人悲痛的是，好幾
　　次他告訴我已經喪失活下去的意志，他也告訴我其實不
　　應該回印度了。[7]

　　拉馬努金在 1909 年 7 月 14 日與 9 歲的嘉娜奇奉母之命
行婚禮。到 1912 年嘉娜奇進入青春期後，他們才真正同居生
活。回憶起拉馬努金由英國返家後臥病在床，嘉娜奇說：「我
有幸能定時服侍他米飯、檸檬汁、牛奶等食品，當他感覺疼痛
時幫他熱敷腿部與胸部。我還保存著當初用來盛熱水的容器，
它們讓我想起當年的情景。」[8]

　　研究拉馬努金數學遺產的專家伯恩特（Bruce C. Berndt）曾
在 1984 年拜訪嘉娜奇，當時嘉娜奇告訴他，拉馬努金回家第
一句話就說「應該帶太太去英國了」，如果有太太在身邊烹飪
與照顧，他的飲食與睡眠就不會漫無章法。後期生活中缺乏一
個堅實的支撐力量，也許是籠罩拉馬努金人生的最深陰影。

第 5 章
推波助瀾更待誰的戴森

　　戴森（Freeman Dyson）是我最喜愛的科普作家，原因有三：首先，戴森的專長橫跨基礎數學與理論物理，雖然是美國普林斯頓高等研究院象牙塔裡的教授，但熱愛世事，樂於參與工程計畫及社會教育活動。

　　其二是他倡議科學裡異端者存在的重要性，不僅敢挑戰正統或流行的看法，且勇於以切要的哲學洞識與活潑的想像力，提出對科技發展的反省與預測。

　　其三是戴森保有英國知識份子優異古典文化素養的傳統，以詩意的筆觸旁徵博引，文風如行雲流水倜儻起伏，閱讀他的作品真是一場心智饗宴。

是鳥還是青蛙？

美國數學學會於 2005 年設立的「愛因斯坦數學普及講座」，2008 年 10 月原應由高齡 85 歲的戴森主講，可惜後來因為健康考量取消。所幸他的講稿〈鳥與青蛙〉在《美國數學會會訊》中刊出，[1] 讓我們得以理解他對數學研究風貌的總體看法。

戴森說有些數學家像鳥，高高的飛在空中，可以關照到大片的數學天地，他們喜歡具有整合性的概念，能把表面上看起來相距甚遠的領域統一起來。還有一些數學家像青蛙，棲息在地上的泥塘，只看得見周遭生長的美麗花朵，他們喜歡鑽研個別事物的細節，一次解決一個問題。

雖然戴森自認屬於青蛙，但他演講中所要強調的是，數學既需要鳥也需要青蛙。他說：「數學是偉大的藝術，也是重要的科學，因為它結合了概念的寬闊性與結構的深刻性。如果因為鳥看得更遠，便說鳥比青蛙好，或者因為青蛙看得更深，便說青蛙比鳥好，都是很愚蠢的態度。數學的世界既廣也深，我們需要鳥與青蛙共同攜手來探索。」

1941 年戴森初入英國劍橋大學就讀，成為貝西科維奇（Abram Besicovitch）的學生。貝西科維奇是有名的俄羅斯流亡數學家，更是一位標準的「青蛙」。他曾經解決日本數學家掛谷宗一（英譯名 Soichi Kakeya）提出的難題：在允許滑動的

情況下，若要把單位長的直線段於平面裡旋轉一周，所需掃過的面積最小值為何？貝西科維奇出人意表的證明，可以找到任意小面積的區域，讓單位長的直線段在內旋轉一周，因此掛谷宗一所追求的最小值並不存在。這個看似初等幾何的問題，推廣到高維空間時其實內蘊深不可測。

戴森承認自己一生研究的風格，深深烙印了貝西科維奇的青蛙特色。這種從乍看不起眼的問題上手，卻能一路發掘出極深刻結構的探索歷程，處處顯現了大自然讓人驚異的奧妙連結。

戴森還大膽提出挑戰年輕青蛙的問題，其一是如何完整分類一維的準晶體（quasicrystal），然後從分類的結果來證明著名的黎曼猜想。其二是理解為什麼混沌現象在宇宙裡處處可見，但都是以弱形式存在？也就是說動力系統的軌道開始時非常容易分道揚鑣，但是不久彼此的距離卻總約束在一定的範圍裡。

能被戴森明白歸類為鳥或青蛙的數學家，其實都是了不起的數學家。我們一般靠數學吃飯的學者，雖然個別可能有鳥或青蛙的傾向，但是既沒有足夠的高度鳥瞰大片的領域，也沒有足夠的深度解決著名難題。大部分的數學家恐怕只能歸屬為猴子，爬上爬下蕩來蕩去。當攀爬到叢林頂端時，也許能窺視天地的遼闊；當降落地面橫行時，多少也能欣賞花草的曼妙。

個人靈魂的科學航程

戴森 56 歲時寫了第一本以非專業讀者為對象的書《宇宙波瀾》（*Disturbing the Universe*），[2] 此後三十餘年間又出版過多本這類書，然而《宇宙波瀾》「字字發自肺腑，比其他幾本書投注更多的心血與情感。」如果只允許一本書流傳後世的話，他會選擇這本。

戴森的成就跨越數論、量子電動力學、固態物理、天文物理、核子工程、生命科學等等。他曾經表示在追求科學真理的道路上，並沒有恢弘的藍圖，看到喜歡的問題與素材就擁入懷抱，應屬「解決問題的人，而非創造思想的人」。這是戴森自謙的說法，他其實已是發揚科學文化的思想大師。

「科學文化」比一般簡化科學知識、引起常民興趣的「科普」範圍更為廣泛，這種寫作把科學納入文化的脈絡，帶領讀者以宏觀視野與人文關懷，觀察、檢討、評估、預想科學對於人類的深刻影響。

《宇宙波瀾》序言引述了兩位元老物理學家的對話，西拉德（Leo Szilard）告訴貝特（Hans Bethe）有寫日記的念頭：「我並不打算出版日記，只是想把事實寫下來，給上帝參考。」貝特反問他：「你不認為上帝知道一切事實嗎？」西拉德回答：「祂知道一切事實，但是祂不知道我這個版本的事實。」《宇宙波瀾》恰是渲染了戴森個人色彩的記憶手箚，而

不是完整的自傳，例如戴森並未在情感生活上有所著墨。

戴森很早便顯現數學天賦，某次假期裡他埋首演練微分方程問題，以致與周邊活動疏離。戴森母親並不鼓勵他過度沉浸於功課之中，因此講《浮士德》的故事給他聽，強調浮士德的最終救贖來自同舟共濟的行動，在投身超越一己的崇高使命後才獲得喜樂。母親告誡他絕不要忘卻人性：「當你有朝一日成為大科學家時，卻發現自己從來沒有時間交朋友。這樣的話，就算你證明出黎曼猜想，如果沒有妻子、兒女來分享你勝利的喜悅。又有什麼樂趣呢？」戴森母親的話，不僅是他一生學術工作的精神指引，即使一般科學工作者聽來也應感覺醍醐灌頂。

戴森在劍橋大學求學時主修數學，不過也跟老師學會許多物理學家都不熟悉的量子理論。秉持這項優勢，他在 24 歲投身美國康乃爾大學物理系貝特教授門下。經過短暫的一年，「得到理想的量子電動力學，既具有施溫格（Julian Schwinger）的數學精確，又具有費曼（Richard Feynman）的彈性。」

1985 年施溫格、費曼、朝永振一郎（英譯名 Sinitiro Tomonaga）共同獲得諾貝爾物理獎，楊振寧曾經為戴森打抱不平說：「我就認為，諾貝爾委員會沒有同時承認戴森的貢獻而鑄成了大錯。直到今天，我仍然這麼認為。朝永、施溫格、費曼並沒有完成重整化綱領，因為他們只做了低階的計算。只有

戴森敢於面對高階計算，並使這一綱領得以完成。……他對問題作了深刻的分析，完成了量子電動力學可以重整化的證明。他的洞察力和毅力是驚人的。」[3]

雖然戴森因完成重整化綱領而暴得大名，但他從來不吝嗇讚美別人，在《宇宙波瀾》第二部的頭幾章裡，他將幾位物理學史上的英雄描寫得栩栩如生，其中樣貌最突出的包括費曼、歐本海默（J. Robert Oppenheimer）、泰勒（Edward Teller）。

戴森對於費曼的追憶具有喜劇色彩。他曾說去美國留學並不預期碰上一位物理學的莎士比亞，但是費曼這位「半是天才，半是小丑」的青年教授，卻讓他像瓊生（Ben Jonson）景仰莎士比亞一般，全心全意學習費曼的思考方式與物理直覺。社會大眾的目光所以會聚焦於費曼，多半是因為《別鬧了，費曼先生》（Surely You're Joking, Mr. Feynman!）這本書特別暢銷。但是比該書早六年出版的《宇宙波瀾》已經為費曼的登場做了最吸引眼球的宣傳。

關於歐本海默與泰勒的故事，多少有點悲劇成分。跟費曼那種不拘小節口無遮攔的美國佬形象相比，歐本海默像是背負厚重西方文化傳統的菁英份子，「揉合了超然哲學與強烈企圖心、對純粹科學獻身、對政治世界的嫻熟與靈活手腕、對形而上詩詞的熱愛，以及說話時故弄玄虛、好做詩人風流倜儻狀的傾向。」

歐本海默因為領導研製原子彈立下大功，所以登上了《時

代》與《生活》雜誌封面，成為美國人景仰的英雄。他後來捲入政府內部的權力鬥爭，在麥卡錫獵巫時代從雲端跌落凡塵，只能單純擔任普林斯頓高等研究院院長。

歐本海默大膽延聘 29 歲沒有博士學位的戴森為教授，以期栽培出另一位波耳或愛因斯坦，可是戴森自我檢討認為費曼應該會是更恰當的人選。事實上，費曼曾經婉謝高等研究院的延聘，他需要教書的舞臺來發光發熱，沒有胃口窩在像修道院的地方苦思冥想宇宙真理。出版過楊振寧傳記的知名科技媒體人江才健曾在 1996 年拜訪過戴森，問他為什麼自 1953 年來到高等研究院就終生停留在這個修道院？戴森回答他說：「我不是一個帝國的建造者。」[4]

泰勒故事的悲劇成分，本質上與歐本海默頗為類似。他們分別達成製造原子彈與氫彈的目標後，各自尋求政治力介入，以確保自己建立的事業不致落入不當人士手中。最終歐本海默獲得學界的讚許，卻從權力場上徹底潰敗。泰勒雖然在鬥爭中取得上風，但因為他對歐本海默不利的證詞，令學界羞於為伍。

戴森引用了不少詩句描述歐本海默，恰如其分反映出歐本海默的風格。在回憶泰勒的末尾，通過無意中聽到有如父親彈奏的悠揚琴韻，也還原了泰勒靈魂深處哀感的真情。

科學研究要懂得「反叛」

「我真敢掀起宇宙的波瀾嗎？」是艾略特（T. S. Eliot）的詩句，也是戴森書名的來源，透露了戴森有勇氣、有想像力，預見生命向宇宙的擴散。

戴森從 8 歲起就愛閱讀膾炙人口的科幻小說，迷戀未來便成為他自小的嗜好。他把未來做為鏡子，「用這面鏡子將當前的問題與困境推向遠方，以更寬宏的視野來關照全域。」戴森推測綠色科技將協助人類向外太空移民，而且還有各式各樣物種順道遷移。一旦這些物種站穩腳步，便會迅速擴張，進一步多樣化。為了使這些物種適應其他星球環境，有必要使用基因工程改良它們的性質。然而操作基因的本領，使得科學家幾乎有扮演上帝的能力，這又是一次浮士德式的誘惑，很難讓人不因濫用能力而喪失理智。戴森除了維護生物學家探究基因工程的自由，也認為應該「嚴格限制任何人擅自撰寫新物種程式」。

1992 年戴森曾經演講〈做為叛逆者的科學家〉（The Scientist as Rebel），2006 年還以此題目為文集命名。戴森認為每種「科學應該是這個樣子」的規範性教條，科學家都應該加以反叛。雖然戴森重視「叛逆者」的重要性，但他畢生投身科學的研究、反思與普及工作，動機並非出自變革世界的野心，而是對大自然的虔心讚歎。

第 6 章
園丁之子塔特是解碼英雄

　　2014 年經過賣座電影《模仿遊戲》的渲染，英國數學家涂林給描繪成破解「恩尼格瑪」密碼機的頭號英雄。二戰時因為同盟國破解了「恩尼格瑪」，所以在戰事上有所斬獲，但並沒有立刻逆轉局勢。原因出在「恩尼格瑪」的功能只是把明文加密，密文則另需以摩斯碼傳出。

　　其實德軍的密碼還有用「羅倫茲」（Lorenz）加密機，搭配電傳打字機直接傳送的博多碼（Baudot），對於破解這種希特勒用以指揮前線高級將領的密碼，涂林的貢獻並不大。

比「恩尼格瑪」更勝一籌的密碼

　　「恩尼格瑪」是由德國工程師謝爾比烏斯（Arthur

Scherbius）在一戰結尾時所發明，1923 年開始商業銷售。德國
軍方購買了謝爾比烏斯的機器，並且加以改造，使得德軍相信
在敵方不知道內部結構的情形下，它所編制的密碼近乎永無可
能破解。

　　從 1928 年開始，波蘭的情報單位就截獲德軍的無線電密
碼資訊。最初沒有頭緒該如何破解，直到 1932 年他們雇用了
瑞葉夫斯基（Marian Rejewski）等三位數學系剛畢業的年輕人，
運用數學理論協助解密。經過一番努力，並且也從法國地下工
作者取得部分德國密碼的情報，終於成功破解「恩尼格瑪」的
密碼。但是後來英國要解的「恩尼格瑪」更為複雜，波蘭數學
家把解密的成果，經由法國情報系統的轉介，都交給了英方，
對於涂林破解升級版的「恩尼格瑪」頗有幫助。

　　涉及波蘭、法國、英國聯合破解「恩尼格瑪」的檔案，到
2016 年才完全解密，而且波蘭方面的檔案損失最為嚴重。涂
林的侄子德莫特·涂林（Dermot Turing）花費了很大的精力，
除了官方檔案之外，還搜尋私人間的通信，終於在 2018 年出
版了《X、Y、Z：破解恩尼格瑪的真實故事》（*X, Y & Z: The
Real Story of How Enigma Was Broken*），其中 X、Y、Z 分別是法
國、英、波蘭的代碼。

　　至於「羅倫茲」加密機的構造，英國情報單位在二戰時期
一直毫無概念，解碼的困難度更甚於涂林面臨「恩尼格瑪」的
考驗。

破解「羅倫茲」的英雄人物是塔特（William Tutte）。他出身勞動家庭，父親是園丁，母親是廚師兼管家。塔特從小學時就顯現聰慧的資質，他特別喜歡閱讀學校圖書室裡那套兒童百科全書。高中時他得到獎學金的支助，前往 16 英里外的學校就讀，經常需騎著別人捐給他的腳踏車長途跋涉。因為在校成績特別優異，他又獲得獎學金去劍橋大學三一學院攻讀自然科學，並且以化學為主修。

他在中學時就喜歡數學遊戲，因此加入三一學院的數學會，結交了三位好友：布魯克斯（Leonard Brooks）、史密斯（Cedric Smith）、斯通（Arthur Stone）。他們四個人聯名寫的文章，還取了一個筆名叫布藍奇・笛卡兒（Blanche Descartes）。1936 年到 1939 年之間，他們沉迷於尋找「完美正方形」的問題，就是問有沒有一個正方形，它可以分割成有限個小正方形，而且任何兩個小正方形的邊長都不同？「劍橋四人幫」出人意表的使用電路理論以及克希荷夫（Kirchhoff）定律完成了分割。

雖然德國數學家史普拉格（Roland Sprague）稍早發現一個完美正方形的特例，但是塔特他們所開展的一般性理論，對於離散數學後來的發展產生更深的影響。

三一學院數學會的標誌圖像正是邊長 112 的完美正方形（圖 6-1），由荷蘭數學家地尤威斯坦（A. J. W. Duijvestijn）在 1978 年所發現。

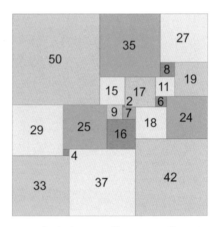

圖 6-1　邊長為 112 單位的完美正方形。

防止生靈塗炭的隱形英雄

　　因為塔特解答數學謎題的出色本領，1941 年老師推薦他去位在布萊切利莊園（Bletchley Park）的破解密碼總部。1941 年 8 月 30 日英國監聽到由希臘雅典傳往奧地利維也納的博多碼，因為天候影響電文的正確性，維也納這端要求雅典重新發訊。第二次傳訊時，加密程式未按規定更新，卻變動若干標點符號並夾帶常用詞的縮寫。這些不謹慎的舉動，成為英國解碼者夢寐以求的良機，在兩周內就解開了這段四千字的電文。

　　如何從破解的電文，推敲出「羅倫茲」的功能構造，這項艱巨的工作便交給了塔特。他發現了有 41 個符號反復出現的樣式，因此推斷第一枚密碼轉輪應該有 41 個牙齒。憑著聰明

才智及敏銳的直覺，在沒有見過「羅倫茲」實物的情形下，經過幾個星期時間，塔特居然正確推論出 12 個密碼轉輪的狀況。相比起來「恩尼格瑪」只有 3 個轉輪，而且涂林還看過波蘭人捕獲的密碼機實物，可見塔特所完成的任務遠比涂林更加困難。

在二戰接近尾聲時，英國終於擄獲一臺「羅倫茲」，經過檢查後證實它的邏輯架構跟塔特分析的完全相同。這不僅是解碼的輝煌勝利，更證明了數學的強大威力。

後來塔特還使用統計學來設計演算法，嘗試分析不曾重複傳送的單一電文。這種工作的計算量已非人力所能負荷，所幸天才工程師佛勞爾斯（Tommy Flowers）製造出世界上第一臺可以使用程式的真空管電腦「巨人」（Colossus），來執行塔特的演算法。同盟國從這套系統獲得的重要情報，是在多個戰場上致勝的要素。特別是希特勒對於「羅倫茲」的絕對保密性有完全的信心，他與前線的高級指揮官的通訊都通過「羅倫茲」來傳達。因為「羅倫茲」遭破解，艾森豪將軍得知希特勒確認英美盟軍將從加萊登陸，結果轉向諾曼地登陸而戰勝德軍。

涂林的解密工作協助英國打贏 1941 年的大西洋之戰，但是塔特的貢獻使歐戰至少早結束兩年，因而拯救了大量生命。因為冷戰接踵二戰而來，解碼工作的始末也列入國家機密，以致塔特的貢獻長久不為英國人民所知。

2011 年英國廣播公司播出布萊切利莊園的紀錄片，塔特

才獲得一些知名度。在他逝世十年之後，英國首相卡麥隆代表國家致函他的家族以表達感謝。塔特是位內斂溫潤的紳士，與妻子幸福美滿度過一生，恐怕不會有人為他拍攝類似《模仿遊戲》的煽情影片。

戰後塔特回到劍橋大學攻讀數學博士，把「擬陣論」（matroid theory）從一組邊緣的概念，發展成離散數學裡博大精深的體系。獲得學位後他前往加拿大，先後任教於多倫多大學與滑鐵盧大學，直到 1985 年才退休。他在圖論（graph theory）方面作出很多開創性結果，成為學習者必讀的經典定理。一位園丁的兒子，終於耕耘出花團錦簇的圖論園林。

第 7 章
孔多塞說來搞點社會數學吧！

　　1794 年羅伯斯比爾（Maximilien de Robespierre）領導的雅各賓派（Jacobin Club），正以恐怖手段主導法國大革命的進行。3 月 27 日有位衣衫不整、形色倉皇的中年男子，走進巴黎西南方的鄉村旅店。

　　三天前該男子從藏身的地方溜出巴黎，想投奔鄉間友人卻未被收留。他在村外樹林裡露宿，終於忍不住饑腸轆轆，走進旅店想吃煎蛋捲。老闆問他蛋捲裡要幾顆蛋？「12 顆。」又問他幹哪一行的？「木匠。」老闆頓時起了疑心，因為男子的手有些柔細，而且匠人也不會奢侈到一口氣點 12 顆蛋。老闆向他索取通行證件他卻沒有，於是一夥村民把他綁起來押往官廳。

　　男子一路上遭受吆喝驅趕，好幾次暈厥過去。抵達目的地

後，他被推進一間陰溼低矮的牢房。1794 年 3 月 29 日下午四點獄卒發現男子趴在地上口吐鮮血，他到底是死於中風？心臟衰竭？還是服毒？當時無人關心，後世也沒有定論。因為他的遺骨在十九世紀就下落不明了，法國政府只好於 1989 年將鐫刻他名字的空棺奉入先賢祠（Pantheon）。

這位最終躋身伏爾泰（Voltaire）、盧梭（Jean-Jacques Rousseau）之列的法國先賢，就是孔多塞侯爵（Nicolas de Condorcet）。把他推向死亡道路的鄉民們，肯定毫無概念自己摧殘了將數學引入人類社會行為研究的先鋒。1972 年諾貝爾經濟學獎得主阿羅（Kenneth Arrow）曾經這樣讚揚孔多塞：「他在許多方面都有力的影響了現代思想，只不過直到相當晚近，他在政治理論上的角色才開始為人所讚揚。他對於社會選擇（social choice）的分析，遠遠超越任何之前的學者，而且提出幾乎所有至今仍在探索的問題。」[1]

奠定自由人權的思想

孔多塞的伯父是位主教，曾將幼年的他送去耶穌會辦的學校就讀。雖然耶穌會辦的學校水準很高，但是以背誦為主又經常體罰的教育方式，再加上修士與學生中不乏有同性戀的行為，使得孔多塞終生都對教會極度反感。

孔多塞在學校展現出優異天賦，16 歲被送去巴黎的學院

繼續深造。在那裡他開始喜愛上數學，並且遇到人生中第一位貴人達朗貝爾（Jean le Rond d'Alembert）。

達朗貝爾是啟蒙時代法國的代表性人物，與哲學家狄德羅（Dini Diderot）共同編纂《百科全書》，產生非常廣大的影響。他在數學方面作出的重要貢獻，涉及極限的定義、級數收斂與發散的區別、偏微分方程、機率、特別是動力學。雖然他也受過教會學校的教育，但是他以唯物思想為主軸，堅持科學研究而反對宗教，以致過世時巴黎市政府拒絕為他舉行葬禮。

達朗貝爾原是一位貴婦的棄嬰，童年過得並不愉快，因此特別關愛失去父愛的少年孔多塞。雖然孔多塞靦腆拘謹又不擅言辭，達朗貝爾還是樂於帶他參與巴黎文化人交流的沙龍 *。也許正是在達朗貝爾的薰陶下，自由人權的思想在他的心中建立了不可磨滅的影像。

經過幾番努力之後，孔多塞在 22 歲發表了第一篇受人肯定的數學著作，從而開展了數學家生涯。1769 年 2 月 25 日，經達朗貝爾的薦舉，他成為科學院的成員。他持續發表研究成果，在 1772 年完成一本積分學的著作，大數學家拉格朗日讚揚該書：「充滿了極度優美與內涵豐富的想法，足夠發揮成好幾大卷。」

---

* 沙龍是十七、十八世紀法國流行的在富裕宅邸聚會方式，經常有名媛主持，談論各種文化話題。

　　1774 年法王路易十六任命杜爾哥（Anne Robert Jacques Turgot）擔任財政大臣，他主張改革賦稅、廢除徭役、通暢貨流，實行比較寬鬆的經濟政策。杜爾哥請孔多塞出任造幣局總監，使得孔多塞的生活重點從關注數學研究，擴充到哲學以及政治事務上。杜爾哥的經濟改革不可避免會損傷貴族的既得利益，一些貴族攛掇瑪麗‧安東妮皇后（Marie Antoinette）向國王進讒言，兩年內就把杜爾哥趕下了臺。不過孔多塞並未喪失國王的信賴，他繼續穩坐總監位子到 1791 年。

　　從 1777 年到 1793 年孔多塞挑起科學院祕書長的重擔，一項主要工作就是替過世院士撰寫正式悼詞。他的文辭優美，表揚功績又非常懇切，從而以其文學造詣於 1782 年獲選入法蘭西學院，這是給文人的最高榮譽。

　　此時孔多塞身兼科學院祕書長及法蘭西學院院士，聲名達到鼎盛。他成為法國最具影響力的知識份子之一，以啟蒙運動旗手的姿態，熱情宣揚自由主義的思想。他主張廢除奴隸制度、各民族平等、寬容新教徒與猶太人、經濟自由、法律革新、公共教育。更非常先進的鼓吹提升婦女權利，特別強調女性也有不亞於男性的理性思維能力。

用數學研究難有常規的人類行為

　　使用數學方法研究機率起始於 1654 年巴斯卡（Blaise

Pascal）與費馬（Pierre de Fermat）的通信，他們討論未完成的賭局要如何公平分配賭金。機率論除了是一種數學計算的科學之外，在輔助人為判斷方面也有實用需求。自文藝復興時代起，航海與貿易興盛，涉及契約、保險、年金、利息等問題，都對於商業活動至關緊要，於是針對可能狀況的估算，就不僅僅是一種哲學論辯了。

到了啟蒙時代，數學家對於機率規則是否正確，要看是否與「合理性的人」的判斷相符。然而怎麼樣才算「合理性」，卻有見仁見智的差異。

「人應該如何做判斷」的問題，不僅會影響商業契約的訂定，也在司法判決上產生重要作用。法庭審理過程是否恰當，很大程度上仰仗證詞是否真確，然而證詞都無可避免的具有不確定性。十八世紀機率論的一類典型問題，就是研究如何從不準確的資訊裡推導出真確的結論。例如 1713 年雅各‧伯努利（Jakob Bernoulli）在《猜度術》（Ars Conjectandi）裡，就曾論及把機率分為事件本身的「內在」機率，以及人為證詞的「外在」機率。

達朗貝爾也曾依據機率的高低把證據分出層次。這種區分法不僅在司法上有用，即使在自然科學的研究上也有相當的幫助。因此啟蒙時期的機率論發展，同時對人的法則與自然的法則都有貢獻。用數學方法極大化獲取正確判決的機率，是 1760 年代開始的新觀念。獲尊為古典犯罪學創始人與現代刑

法學之父的貝加利亞（Cesare Beccaria）曾說：「要想獲得數學般的精準性，我們必須把政治的計算，改換為機率的計算。」只不過貝加利亞並沒有親自動手計算機率，這項工作有待孔多塞來推進。

1785 年孔多塞發表他的重要著作《論以分析學應用於多數決之機率》（*Essai sur l'application de l'analyse à la probabilité des décisions rendues à la pluralité des voix*）[2]，在序言裡肯定了杜爾哥的信念：「道德科學與政治科學可以達到物理科學系統的確定性，甚至可以像物理科學裡的天文學那類學科，會接近數學般的確定性。」這本書想要解決的問題是：「在什麼條件之下，集會或法庭多數決的正確性，足以高到讓群體裡其他人有義務接受他們的決定？」換句話說：「該如何用數學極大化正確判決的機率，使得從數學觀點來看會對公民有利？」

如果這個問題得到滿意的解決，那麼公民接受多數決的理由，並不單純因為那是多數的意志，而是經過數學推算獲取的最大公義。

孔多塞把這套思想稱為「社會數學」（social mathematics）。這種社會數學與今日所謂的社會科學旨趣有所不同，它所討論的是社會現象的應然而非實然的問題。雖然有如此的區別，還是可以推崇孔多塞為社會科學的先鋒。

孔多塞在書中論證出一項重要結果，通常稱為「孔多塞陪審定理」（Condorcet jury theorem）。這個定理的意義用平常的

話來說，就是多數人合起來的智慧，會高於個別的智慧。再進一步可說明如下：若有一群人組成陪審團，陪審員要針對某項證辭判斷是真實還是虛偽。如果陪審員不用頭腦考慮，而是純粹瞎猜，那麼猜對的機率也有二分之一。假設所有陪審員都用心思考了，而且每位做出正確判斷的機率都是相同的 p 且 $1 > p > \dfrac{1}{2}$，同時也假設陪審員是在相互沒有影響下做出獨立判斷。

我們先看一個簡單例子，假設只有三位陪審員 a、b、c，那麼單人做出正確判斷的機率便是 p。多數判斷正確的情形有四種：a、b 正確 c 錯誤；b、c 正確 a 錯誤；a、c 正確 b 錯誤；a、b、c 都正確。因為判斷正確的機率為 p，則判斷錯誤的機率為 $1 - p$。所以前三種情形出現的機率各為 $p^2 (1 - p)$，最後一種出現的機率為 p^3，加總起來便是 $3p^2 (1 - p) + p^3$。把這個機率與單人的機率 p 來比，也就是求其相差：

$$3p^2 (1 - p) + p^3 - p = -p(2p^2 - 3p - 1) = p(2p - 1)(1 - p) > 0 \text{。}$$

結論是在三人陪審團的情形下，得到正確判斷的機率，會高過單人做出正確判斷的機率。其實在相同的假設條件下，陪審員的人數愈多做出正確判斷的機率愈高。這些推論構成了「孔多塞陪審定理」的兩項主要內容：

1. 多數人做出正確判斷的機率大於任何個人做出正確判斷的機率。

2. 隨著陪審員人數的增加，多數陪審員做出正確判斷的機率會趨近於 1。

　　孔多塞陪審定理的預設條件其實非常理想化，真實群體中各人聰明才智與知識背景不盡相同，做出正確判斷的機率很少有機會完全相等。各人間有可能交流看法與意見，因此假設他們的機率彼此獨立也不現實。那麼為什麼後人仍然認為孔多塞的貢獻相當重要呢？因為他帶進來一個新的知識論域，試圖以精確的數學方法研究看似難有常規的人類行為。

　　雖然這種結果不可能馬上完全解釋所觀察的現象，但至少是第一階段的逼近，對於未來發展的方向，以及得以運用的模式，會產生相當大的啟示作用。尤其孔多塞的社會數學所運用的主要工具是機率論，就絕對具有開創性了。

　　孔多塞的數學技巧雖然不能算很高超，但是他引領出的這個方向，在數學史上重量級人物拉普拉斯手上得到細緻的發揮。拉普拉斯比孔多塞年輕，也曾受教於達朗貝爾，1812 年出版《機率的分析理論》（*Théorie analytique des probabilités*）一書，總結了當時機率論的研究，包括在選舉、審判、調查等方面的研究成果。

　　孔多塞陪審定理裡的每位陪審員只針對兩個選項「真實」

或「虛偽」做出選擇，也可以看作把這兩個選項排出優先順序，所選擇的當第一名，沒選擇的當第二名。孔多塞很自然會考慮當選項不止兩個時，多數決是否妥善的問題。

現在從最簡單的情形來看看，假如有三人：甲、乙、丙，選項也有三個：A、B、C。假設各人心目中喜好的順序如下：甲喜愛 A 勝於 B、喜愛 B 又勝於 C；乙喜愛 B 勝於 C、喜愛 C 又勝於 A；丙喜愛 C 勝於 A、喜愛 A 又勝於 B。在表 7-1 中，針對每個人由上而下列出他的偏好順序。

表 7-1　甲、乙、丙三人對 A、B、C 的喜好排序

排	甲	乙	丙
1	A	B	C
2	B	C	A
3	C	A	B

現在有了每個人的排名，問題是該如何把 A、B、C 排序最貼近共同的意願？單純的想法還是採用多數決。先拿 A 與 B 這一對來看，甲與丙認為 A 優於 B，只有乙認為 B 優於 A，所以多數主張 A 應該排在 B 前面。再拿 B 與 C 這一對來看，甲與乙認為 B 優於 C，只有丙認為 C 優於 B，所以多數主張 B 應該排在 C 前面。看來 A 應該排在 B 前面，B 應該排在 C 前面，所以第一名是 A、第二名是 B、第三名是 C。如果只要推選一名出來，好像多數決應該選出 A。

　　但是且慢，再拿 C 與 A 這一對來看，乙與丙認為 C 優於 A，只有甲認為 A 優於 C，所以多數主張 C 應該排在 A 前面。多數決所得結果是：A 優於 B、B 優於 C、C 優於 A，如此就落入一個循環圈：A、B、C、A、B、C、A……到底誰能代表公共意見的第一名呢？

　　我們原來的直覺是多數決能反映民主的選擇，也就是可以從個別偏好順序中合理組織出一種排序，最能代表公共意志。不巧的是上面這個簡單例子告訴我們，在特殊的狀況下，兩兩比較採多數決會產生循環圈，無法用來反映合理的公共選擇，這個現象稱為孔多塞悖論（Condorcet paradox）。嚴格來講所謂「悖論」是某個命題經過正確的邏輯推理，結果會跟它的否定命題邏輯等價。孔多塞悖論並不是這種邏輯意義上的悖論，它只是跟直覺的推想有出入，會令人大感吃驚，所以借用了「悖論」這種稱呼。

　　如果把上面的例子看成是投票行為，每位選民心中都有自己對候選人的喜好排序，一種投票制度便是要從這些個別的順序中挑出合理的當選人。現在假設 A、B、C 並不知道有造成循環圈的可能性，而主持投票的人意圖操作兩兩評比投票結果。他可以先拿 A 與 B 比，再拿 B 與 C 比，因為 A 優於 B 而且 B 優於 C，他便宣稱 A 是第一名當選。其實我們知道使用類似的操作，主持人愛叫誰當選誰就當選，也就是說這種制度難以避免有心操控的可能性。

在現代生活中，要從眾多人的偏好中安排出一個具代表性的公共偏好順序，是經常會發生的事。不僅投票選舉是一項明顯的例子，就連在網路世界裡，很多選項是先在幕後蒐集使用者喜愛的程度，再到幕前展現出一定的樣貌，都是所謂社會選擇的例證。如何避免循環圈選擇、如何避免有心操作，就不光是學術性的問題了，它們以及進一步各種變化的問題，都具有相當的現實意義。

孔多塞開創的投票行為研究在很長時間內並沒有受到關注。直到阿羅的名著《社會選擇與個體價值》（*Social Choice and Individual Values*）用公理法設定選擇時應該遵循的合理條件，進而推導出不可能有制度能滿足所有公理，產生了極富盛名的「阿羅不可能性定理」（Arrow's impossibility theorem），使得相關的探討大量而快速增長起來，孔多塞心目裡的「社會數學」才在現代真正得到新生命。

留給人類的重要思想遺產

孔多塞做為一位啟蒙哲學家，即使在革命的狂潮裡，仍然不放棄教育群眾理性的重要性。雖然菁英份子對於政治或社會的設計有先見之明，但是必須通過理性而非強制的手段，讓群眾做出裁決。孔多塞相信最後群眾與菁英會殊途同歸，採取最合理的安排。

1793 年當孔多塞在避難躲藏之前，倉促發表了未盡完成的著作〈為應用至物理與道德科學所定學科目錄表〉（Tableau général de la science qui a pour objet l'application du calcul aux sciences physiques et morales），勾勒出他所謂「社會數學」應該包容的內容：關於社會現象的統計描述、受重農學派（Physiocracy）啟發的政治經濟理論，以及有關智識運作的組合理論。

孔多塞堅信社會數學「只能由透澈研究過社會科學的數學家來發展」，但是成果卻要與群眾共用。「能夠用單純且初等的方式來處理，懂一些初等數學以及計算的人就不難掌握。⋯⋯在此展現的是一種普通與日常的學科，而非保留給極少高手的密術。」孔多塞其實開啟了社會科學的民主化。

法國大革命在 1789 年爆發時，啟蒙的代表性人物只有孔多塞還健在。他熱情擁抱革命潮流，積極投身政治活動，甚至擔任立憲議會的祕書。其實孔多塞為人拘謹又容易害羞，講話快速又音量不大，在喧囂的革命政治集會上，不太能夠抓住大眾的注意力。他對頭腦不夠清明、思想反應遲鈍的人又缺乏足夠的耐心。杜爾哥早說過他有時簡直像「一隻憤怒的羊」（le mouton enragé）。[3]

1793 年孔多塞參與了新憲法的草擬，但是他所親近的吉倫特派（Girondist）喪失了議會的控制，被激進的雅各賓派奪取了領導權。

孔多塞雖然贊成共和體制，但是反對把國王送上斷頭臺。

他堅決主張自己起草的憲法版本包含了進步思想，不支持雅各賓派主導通過的共和憲法。這些違逆革命狂潮的主張，導致政府宣布孔多塞是違法份子，他因此躲藏到一位維內夫人（Madame Vernet）出租的居所。不久之後吉倫特派的重要人物紛紛被送上斷頭臺，孔多塞恐怕連累維內夫人而準備逃亡，但是維內夫人說：「國民公會雖然有權力判決人非法，但沒有權力判決人道非法。先生，請你繼續留在這裡。」

　　孔多塞避難期間寫了《人類精神進步史表綱要》（*Esquisse d'un tableau historique des progrès de l'esprit humain*）。在這本綱要裡，他主張自然科學與社會科學的發展會不斷提升個人的自由、物質的豐盛，以及道德上的惻隱之心，充分發揮啟蒙時代的進步思想觀，這可能是他留給人類最重要的精神遺產。

　　1786 年孔多塞與小他二十多歲的蘇菲‧格魯琪（Sophie de Grouchy）結婚，據說蘇菲是巴黎第一美人，也是秀外慧中的才女。夫妻倆志同道合十分幸福美滿，蘇菲主持的沙龍活動非常受知識份子歡迎，她還翻譯了亞當‧斯密（Adam Smith）的《道德情操論》（*The Theory of Moral Sentiments*）。當孔多塞遭通緝潛逃之後，為了避免連帶遭殃，蘇菲跟孔多塞協定離了婚。

　　孔多塞亡故之後，蘇菲從獄中獲釋，已經是一貧如洗，只能靠著繪製肖像的本領營生，養活自己與年幼的女兒。蘇菲對未來理性世界的憧憬雖然因革命而破碎，但她從沒有放棄與丈

夫共用的自由原則與人道關懷。1801 年到 1804 年之間，蘇菲與友人一起編輯出版 21 卷孔多塞的全集，使得孔多塞的思想全貌有機會長存人世。

02

歴史篇

第 8 章
「計算」大敘事的簡要輪廓

在這一章裡，我先列出想倡議的幾項觀點：

第一，「計算」做為一個具有某些主體性知識的領域，雖然邊界還不是非常明確，但是我認為正逐漸從數學裡分化出來。從歷史上來看，我們現在講的物理學、生物學和化學，在三百多年前牛頓時代都屬於自然哲學。之後隨著興趣的相異、內容的深入，慢慢分化出各有特色的不同學科。計算活動在人類文化初期就存在，近幾千年來它的知識包涵在數學裡。但是本質上，計算慢慢要從數學裡分離出來，將擁有自己的特色，並形成獨立的發展軌跡。

第二，計算有一個發展脈絡，也就是立足於演化觀與多元文化基礎的脈絡。在針對個別性問題的研究之外，我認為應該替「計算」建立起全球性的、整合性的大敘事（grand narrative），其中特別需要矯正以歐洲文明為中心的偏見。

第三，一旦建立起全球性的敘事，中國古代數學占據的地位就會提高。從前西方研究數學史，能看到的東方文獻相當稀少，因此他們認為中國對於世界數學沒有什麼貢獻。但是我認為中國傳統數學的風格，不必然是在數學領域裡面強調它的地位，在新的「計算」大敘事天地裡有其存在的空間。既然是全球範圍的大敘事，自然不能輕忽中國文明的貢獻。

第四，應該強調文化史的視角。雖然要以客觀知識做為理解的基礎，然而關注重點不在於技術性的細節，更著重「計算」與社會的互動，彼此之間的影響、關鍵性人物的重新評價或深度認識。

舉一個例子，現在推崇牛頓幾乎跟神一樣。其實牛頓去世後，並沒有即刻獲得像現在一樣的地位。是因為英國霸權的建立，才幫助了牛頓在物理學上建立優勢。包括他和萊布尼茲競爭微積分發明者的歷程，都是些非常曲折有趣的歷史故事。

我們關心文化史，不是為了歌頌中國歷史上的天才人物，而是去挖掘歷史軌跡的起伏，為什麼有些東西本來評價一般，但後來評價日漸增高，它們深刻的文化的意義是什麼？

最後我要強調的是，一旦「計算」的全球性大敘事建立起來，那就不會只是研究數理和電腦的人應該關心的題材，也應該是人文與社會科學不容忽視的課題。例如，大家可以看到貼近生活的大數據，它的發展馬上就會涉及社會學的、法律的、

倫理學的問題。

總而言之，「計算」這個領域會隨著時間發展，持續容納進來很多豐富的內容。所以我預想，三百年後看我們現在的狀況，就有些像我們現在回想三百多年前牛頓時代一樣，「計算」如同物理學、化學、生物學，是要慢慢成熟茁壯建立起獨立的學科。如果我們沒有採取一個比較不同的觀點，沒有從數學家的位置移開一步，沒有保持適當距離來看這種演化，我們可能沒有感覺到新的生命正在發生。

以上就是我的四個主要觀點。下面我簡略舉一些歷史上的事蹟做為佐證，勾勒出「計算」的大敘事輪廓。

先看一下計算有哪些要素。我們很籠統的稱人類歷史上的一些活動為計算，其實不管什麼樣的計算，大概少不了三項要素：演算法、表徵、工具。

流通於東西方的「演算法」

第一項要素是演算法。演算法是一組規則，給出一系列操作後，得以解決特定類型的問題。演算法具有以下的特徵：有限性、明晰性、有效性。

大家都知道歐幾里得（Euclid）《幾何原本》是幾何公理化的典範，它的第 7 卷命題 1 給出最早、最具代表性的演算法，我們現在稱為「輾轉相除法」或「歐幾里得演算法」。但

可惜這是第 7 卷的第 1 個命題，利瑪竇與徐光啟翻譯《幾何原本》只翻譯了前 6 卷，這個演算法恰好是第一個沒翻譯的命題。有趣的是，中國古代數學裡也有自己的「輾轉相除法」，叫做「更相減損法」。

1984 年底到 1985 年初，考古學家於湖北張家山漢墓中發現竹簡《筭數書》（算數書），最晚應該是西元前 186 年製作完成。這裡面包含「約分」，就是求最大公約數的方法。中國古算最重要的一本書是《九章算術》，裡面也繼承了這個約分：「約分術曰：可半者則半之，不可半者，副置分母、子之數，以少減多，更相減損，求其等也。以等數約之⋯⋯」。兩整數的最大公約數稱為「等數」：例如：（24,15）→（9,15）→（9,6）→（3,6）→（3,3），跟歐幾里得的輾轉相除法基本是一樣的意思。為什麼要舉這樣的例子呢？因為中國確實有符合世界主流敘事的演算法。

西方二十世紀創建科學史學科的薩頓（George Sarton）曾說：「十二世紀是一個傳遞與折衷的時代，也是一個吸收與融合的時代。正是從這時起，相互衝突的各種文化才極為緊密的聯繫起來，尤其是基督教和伊斯蘭教，它們之間的相互影響構成新歐洲的堅實核心。」[1] 所以不能忽視歐洲文明是跟伊斯蘭文明互相交流的，而伊斯蘭文明其實更早更向東邊，與印度及中國文明有相當程度的交流。

歐洲受影響的一位關鍵人物是斐波那契（Leonardo Pisano

Fibonacci）。他有本名著叫《計算之書》，書裡很多題目跟中國古代數學書裡面的題目相同，有的稍微變動一點，有的連數據都完全一樣。雖然我們很難從文獻裡，找到每個演算法每一步是誰受誰影響的嚴格證據。但是互相雷同到這麼高的程度，說沒有影響的可能性反而很低。更何況斐波那契在跟東方有商業來往的義大利活動，所以知識相當有可能流通。

紀志剛等人說：「斐波那契是中世紀晚期歐洲第一位偉大的數學家，他的《計算之書》是歐洲數學復興的標誌。……通覽《計算之書》，我們可以看到書中以問題為主導、以演算法為主線、以問題解決為主旨的『應用數學』的突出風格，《計算之書》是埃及─希臘數學與印度─中國─阿拉伯數學的『合金』，是歐洲數學演算法化進程中的一部重要著作。」[2] 所以演算法的思想透過了《計算之書》，對歐洲數學的興起有重要的影響。

但是因為到後來，特別是十九世紀以後，數學使用邏輯論證趨於主導地位，相對之下計算的評價就降低了，其實還原到歷史的舞臺上去看，「計算」有不可輕忽的重要貢獻。

關於「表徵」的兩個特殊例子

第二項要素是表徵（representation）。在實際操作演算法的輸入與輸出時需要有代表物，演算法中間步驟也需要有東西

表示出來。表面看起來，電腦無所不能、什麼都能算。其實都是一步步的經過表徵，或者說經過編碼，到最後在最底層的二進位的0、1作計算。表徵的類型會影響計算的效能，所以對文化發展史的知識脈絡而言，表徵非常重要。

舉兩個特殊的例子，第一個是中國古代的算籌記數法，它的特色是十進位與位值制。同樣一個數字在不同位置，它代表的大小不一樣，這是非常先進的記數法，羅馬數字做為對比就非常的笨拙。

《孫子算經》裡面有：「凡算之法，先識其位，一縱千橫，百立千僵，千十相望，百萬相當。」用小棍子（也就是所謂的算籌）幫助記數，有縱式的有橫式的，一二三四五縱式記數，到了後面棍子太多了看得眼花撩亂，那就一根橫再加一根豎就當六。為什麼要兩種方式呢？都是縱式容易搞混，那麼一縱一橫就容易區別。雖然沒有零這個符號，但空位就代表零，不能說中國古代沒有零這個概念。

如何使用算籌來解題呢？舉個例來說，《九章算術》第8卷〈方程〉中第7題：

今有牛五、羊二，直金十兩；牛二、羊五，直金八兩。
問：牛、羊各直金幾何？
答曰：牛一，直金一兩、二十一分兩之一十三，羊一，直金二十一兩之二十。

術曰：如方程。（劉徽注：假令為同齊，頭位為牛，當
相乘。右行定，更置牛十，羊四，直金二十兩；左行牛
十，羊二十五，直金四十兩。牛數等同，金多二十兩
者，羊差二十一使之然也。以少行減多行，則牛數盡，
惟羊與直金之數見，可得而知也。以小推大，雖四、五
行不異也。）[3]

上文中「直」意思就是「值」。可以發現劉徽的答案跟現
代高斯解法基本上是一樣的。還有小棍子可以是紅色的，也可
以是黑色的，從而紅色算籌代表正數，黑色算籌代表負數，因
此中國很早就有負數概念。這個例子和前面演算法的例子有點
不一樣，因為西方缺乏算籌系統，因而不能說中國影響了西
方。但是既然講的是一種全球的，而且是跨文化的大敘事，中
國人精采和光榮的創造不容抹殺。

另一個代表性的人物是萊布尼茲，今天的二進位記數法
基本上是來源於他的發明。來華耶穌會教士白晉（Joachim
Bouvet）寄給萊布尼茲八卦圖，萊布尼茲從中看出了名堂，他
說這 64 卦可以代表 0、1、…、63 這些數字。1703 年他發表
了一篇關於二進位的論文，題目裡出現 Fohy 這個字，就是伏
羲的意思。他滿懷興奮寫了一封信給康熙皇帝，說你們中國人
真了不起，居然發現這樣的數字。康熙皇帝應該是中國歷史上
唯一懂數學的皇帝，但是可惜他沒有回覆。

有「工具」才能善其事

第三項要素是工具。從原始文化中的打繩結，或者用小石子幫忙計數開始，接下去計算工具的發展包括巴比倫人所使用的大理石材算板，還有從十二世紀持續到十六世紀筆算與算盤的競爭，最後由筆算取得勝利。

在算盤方面，羅馬人有他們的算盤，但是因為羅馬數字系統比較笨拙，他們的算盤並不好使用。中國算盤在很長一段時間都是非常先進的計算工具，廣泛的使用在東方文化圈一般生活交易裡，然而它也喪失了籌算中一些很明顯看得出來的數學操作。

中國算盤最早出現在什麼時候呢？宋朝畫家張擇端有名的《清明上河圖》長卷，靠左邊尾端有一個藥鋪，藥鋪桌上放了一個看似有 15 檔的算盤，可是也有人懷疑這不是最早出現的算盤。1592 年明朝程大位寫了《直指算法統宗》，是一本完全以珠算為主的書。這本書影響非常深遠，兩百年間都是中國的標準教科書，可是後來就失傳了。這本書經過韓國傳到日本，對日本的數學影響很深。

從珠算再進步到機械性的計算器，出現了一位了不起的人叫巴斯卡。為了幫助父親的稅收工作，他 19 歲開始設計計算器。在 1645 年首次對外公開，1649 年得到法國國王路易十四授予他專利權。他一共造了 20 臺，現在尚存 9 臺。巴斯卡設

計計算器時，是由他自己一手包辦畫機械設計圖。

另外，萊布尼茲除了二進位以外，他的手稿裡還可以找到設計的機械計算器，不過他的機械計算器從來沒有真正完成過。他花了很多錢，卻遭遇了不少技術上的困難。曾經拿到英國皇家學會顯露一下成果，不幸當場就出了紕漏。1674 年他請了法國一位有名的鐘錶匠奧利維耶（Olivier）幫他製作了一臺，數年後送給哥廷根（Göttingen）的卡斯特納（Kastner）修理，結果下落不明，直到 1879 年才在哥廷根的一個閣樓裡發現。萊布尼茲的計算器雖然沒有十分成功，但是大家還是推崇他為計算發展中的關鍵人物。

另一個關鍵人物是英國的數學家巴貝奇（Charles Babbage），他最早開始設計及製造的差分機是一種更高級的手搖十進位計算器。1847 年到 1849 年巴貝奇完成了 21 幅差分機改良版的構圖，可以操作 7 階差分及 31 位元數位。因為缺乏經費上的贊助，這臺機器並沒有製造出來。

1833 年到 1835 年巴貝奇轉去設計分析機。分析機與差分機最大的不同在於把算術運算與資料儲存分開。巴貝奇分別把這兩部分稱為作坊（mill）與倉庫（store），反映了英國工業革命期間紡織業名詞的影響。此外，巴貝奇還想用法國雅卡爾（Joseph Marie Jacquard）的提花紡織機的打孔卡，做為分析機的輸入工具。分析機其實已經有我們當代電子計算機的思想雛形。巴貝奇在數學史裡的評價也許不是非常突出，但是在「計

算」的大敘事裡，就有不可或缺的地位。

　　還有一個有趣的事情，1840 年巴貝奇在訪問義大利時，鼓勵米那比亞（Luigi Menabrea）撰文發表分析機的構想。1842 年勒芙蕾絲（Ada Lovelace）翻譯此文並加上自己的批注。在 1980 年之前這篇《分析機概論》（*Sketch of the Analytical Engine*）是唯一詳述分析機設計的文獻。她還用文學的口吻說「正如雅卡爾的提花紡織機織出花朵與樹葉一樣，分析機織出代數的模式。」[4] 有人稱勒芙蕾絲是最早的程式設計師，經專家研究是過譽之詞，她基本上是擔當巴貝奇的祕書與詮釋者的角色，但是因為現在重視女權，她的地位也提高了。

　　還有一位比較少為人知的德國人楚澤（Konrad Zuse），他是學土木工程的怪才，喜歡自己動手做各種各樣的計算機。最重要的是他率先使用二進位記數法，而且還用到了現代計算機裡的浮點計算方法。1941 年楚澤建造了計算機 Z3，初始值由人工打入，程式儲存在打卡的膠片上，可以使用迴圈，但沒有條件跳越指令，公認是現代第一個數位計算機。雖然 Z3 對於英美計算機的發展沒有什麼影響，可是從原創性來講是領先的。1943 年楚澤公開了更為先進的 Z4，甚至還發明了高階的計算機語言。

　　由於二戰的關係，楚澤的際遇不是很好，他的計算機都遭到破壞。一直到 1960 年代才有機會把他的發明申請專利。可是到 1960 年西方已經進步很多，專利局回答說，你這些東西

都沒有任何創新性。歷史上一位做出重要貢獻的人物幾乎被埋沒，在大敘事的脈絡裡應該把計算發展的真實面貌加以恢復。

計算機的邏輯基礎

西方在亞理斯多德開創邏輯之後，一直到布爾把邏輯符號化之前，基本上沒有什麼大的改變。布爾出身貧寒，居然憑自學能力有了傑出的表現，最終受聘為愛爾蘭科克大學教授。但是布爾最初在邏輯方面的成果，並沒有得到應有的重視，因為它不是數學的主流問題。學問的發展是個辯證的途徑，就連布爾生前也不知道自己作的東西多有價值。

光布爾的符號系統還不夠，是香農的碩士論文把布爾代數引入交換電路的設計，使得電路設計有了系統的方法。其實香農也不是唯一的，蘇聯時代的數學家謝斯塔科夫（Viktor Ivanovič Šestakov）比香農還早就做到此事，但他的論文是 1941 年用俄文發表的，西方世界不太知道。另一位日本的電機工程師中嶋嶂（英譯名 Nakashima Akira），於 1935 年及 1936 年就在日本電氣公司的刊物發表了把布爾代數用在電路設計的文章。

為什麼把布爾的貢獻看得這麼重要，因為「布爾可滿足性」問題是屬於 NP 完備的問題。在 1971 年庫克（Stephen A. Cook）的論文出現之前，甚至這一類問題的概念都沒有。語句

間的「且」、「或」、「非」看似簡單，內涵卻深刻，這麼難的問題所展現的是計算的深度本質，無怪乎「P 等於或不等於 NP」是克雷研究所百萬美金的題目。從計算的大敘事來看，這個問題的重要性也許不亞於數學裡的黎曼假設。也只有在計算的脈絡裡，它的意義與價值才得以完全凸顯。

但是只使用「且」、「或」、「非」沒辦法充分表達數學的知識，因為涉及到「對於所有的」或者「存在某個」的命題，就屬於謂詞邏輯的範圍。

謂詞邏輯到希爾伯特達到成熟的形式，他提出了「判定性問題」：「有沒有一種演算法，能夠判定謂詞邏輯的命題是否可以證明成立呢？」換個方式來問：「設有一個關於命題的函數，該命題可證明成立則函數值為 1，否則為 0，那麼這個函數可計算嗎？」為了解決某一類問題是否存在演算法解，必須要為「演算法」和「可計算函數」的概念給出明確的定義。

1936 年丘奇和涂林解決了「判定性問題」，答案是否定的：「謂詞邏輯不存在一種判定方法」。兩人雖然都解決了這個問題，而且丘奇還稍微早一點，但是丘奇的解決方式局限性較大，涂林在論文中設計的理論計算機應用性卻非常的廣泛。

涂林劃時代重要的文章《論可計算數及其在可判定性問題上的應用》主要貢獻如下：第一，發明了一種抽象的理論的計算機；第二，證明存在通用的計算機；第三，雖然計算機本領很大，但是也有計算機根本不能解決的問題，例如涂林所定義

的「停機問題」。

　　知名邏輯學家戴維斯曾說：「在涂林之前，一般都認為機器、程式、資料三個範疇，是全然不同的區塊，機器是物理性的物件；我們今日稱之為硬體。程式是準備作計算的方案……資料是數值的輸入。通用涂林機告訴我們三個範疇的區分只是錯覺。」[5] 前面提過計算的三個要素，其實深度的與本質性的結構，都可以融合為一。這種合一性也標誌了計算做為具有主體性的知識領域，到達了一個關鍵的分水嶺。

第9章
鴿籠原理其來有自

　　老師：「如果有五隻鴿子要回家，卻只有四個鴿籠，那
　　會怎麼樣？」
　　大雄：「誰偷走了一個鴿籠？」
　　小明：「有一隻鴿子去流浪啦！」
　　阿美：「會有一個籠子裡有兩隻鴿子。」

　　阿美的回答最有數學味，因為數學裡的「鴿籠原理」
（pigeonhole principle）就是說「當鴿子的數目大於鴿籠的數目
時，必然會有某兩隻鴿子住在同一個鴿籠裡。」實際操作這個
原理解決問題時，關鍵常在把什麼當鴿子，把什麼當鴿籠。舉
個例子來看看：

【例 1】半徑為 1 的圓盤上有 7 個點，其中任兩個點的距離都不小於 1，則 7 點中必有一點為圓心。

【證明】以圓心 O 及圓周上 6 點 A_1、…、A_6 把圓盤等分為 6 塊（如圖 9-1）。

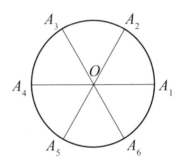

圖 9-1　圓盤等分為 6 塊。

6 個鴿籠：

S_1 = 扇形 A_1OA_2 扣掉線段 OA_2，

   ⋮

S_6 = 扇形 A_6OA_1 扣掉線段 OA_1。

（請注意：圓心 O 不屬於任何一塊扇形。）

7 隻鴿子：圓盤上任給的 7 個點。

除了圓心，圓盤上任一點都落在唯一的某 S_i 中，而 S_i 中任兩點間的距離都小於 1。如果給定的 7 個點不包括圓心 O，

則根據鴿籠原理必有兩個點落入同一塊扇形,它們的距離會小於 1,與題意矛盾。

結論:7 點中必有一點為圓心。

【例 2】令正三角形 ABC 的邊長為 1,把 ABC 圍出來的區域任意劃分為 S_1、S_2、S_3 三個集合(每個集合不必然是一塊連通的區域),則必定有某個 S_i 包含兩點,彼此間距離不小於 $\frac{1}{\sqrt{3}}$。

【證明】

3 個鴿籠:S_1、S_2、S_3。

4 隻鴿子:A、B、C 及正三角形重心 O。

這四隻鴿子中必然有兩隻落在某一個 S_i,但是不難算出 A、B、C、O 兩兩之間距離不小於 $\frac{1}{\sqrt{3}}$,所以那個 S_i 中包含兩點,彼此間距離不小於 $\frac{1}{\sqrt{3}}$。

首次現蹤是何時?

從上面這兩個例子就可以看出,如何巧妙運用鴿籠原理真是存乎一心,並非呆板套公式能達成目的。其實,這麼顯然易見的「原理」還非常有用,許多地方都能看到它的蹤跡。

那麼這條「原理」是不是由遠古的埃及人或希臘人發現

呢？並不是。通常書裡都說「鴿籠原理」的應用，最早出現在 1842 年德國數學家狄利克雷（Gustav Lejeune Dirichlet）的數論書裡，不過他當時並沒有起任何名字。狄利克雷在後來的著作裡，稱之為「抽屜原理」（Schubfachprinzip）。到 1910 年閔可夫斯基（Hermann Minkowski）在名著《數的幾何》裡，也只稱為「有名的狄利克雷方法」。1941 年羅賓遜（Raphael Robinson）在美國數學會會刊發表論文的注腳裡引入了「鴿籠原理」，這是迄今查到最早使用此名稱的英語文獻。

其實鴿籠原理在狄利克雷之前就有人使用過，那就是大名鼎鼎的高斯（Carl Friedrich Gauss）。他在 1801 年出版了影響數論極為深遠的著作《算術探索》（*Disquisitiones Arithmeticae*），其中定理 45 的敘述是：對於幾何數列 1, a, aa, a^3, …而言，如果質數 p 與 a 互質，那麼除了 1 之外，必有另外一項 a^t，使得 1 與 a^t 同餘於模數 p，*而且 t 可以取得小於 p。雖然高斯在證明此定理時沒有宣稱使用什麼原理，實質上他是以同餘類 [1], [2], …, [$p-1$] 為鴿籠，而把 1, a, a^2, … , a^{p-1} 當作鴿子。

那麼在高斯之前還有沒有人運用過鴿籠原理呢？

2014 年法國數學家李陶（Benoît Ritaud）與比利時數學史家希弗（Albrecht Heeffer）經過考察，發現 1622 年法國耶穌會

---

* 就是用 p 分別除 1 與 a^t，所得的餘數相同。

士呂里雄（Jean Leurechon）曾經說過：「必然有兩個人彼此都擁有相同數目的頭髮、錢幣、或其他東西。」1624 年一本暢銷書《數學娛樂》（*Récréations mathématiques*）就引用了呂里雄的斷言，並且說明為什麼結論是對的。李陶與希弗認為文獻裡沒有比呂里雄更早使用鴿籠原理思想的例證了。

《數學娛樂》首先說世界上人的數目必然多過頭髮最茂密的人的髮絲數。為了方便讀者理解，作者把問題大量簡化，只假設有 100 個人，而頭髮最多的人有 99 根髮絲。先拿 99 個人來考慮，他們中間若有兩個人髮絲數目相同，就驗證了原來的斷言。否則，他們之中某人有一根髮絲、某人有兩根髮絲，如此類推直到某人有 99 根髮絲。現在來觀察第 100 個人，依據假設條件，他的髮絲數不能多於 99，那必然會與前面 99 個人中的某位髮絲數相同，原來斷言也因而得證。

比西方早先一步

單就西方文獻，李陶與希弗的結論也許是正確的，可是在中國文獻裡卻有更早的例證。劉鈍率先指出乾隆年間阮葵生《茶餘客話》中說道：[1]

人命八字，共計五十一萬八千四百，天下恆河沙數何止
于此，富貴貧賤壽夭勢不能同。即以上四刻下四刻論，
亦止一百三萬六千八百盡之，天下之人何止千萬，亦不
能不同。且以薄海之遙民物之眾，等差之分，謂一日止
生十二種人或二十四種人，豈不厚誣？

此處批八字是以 60 甲子紀年紀日，12 干支紀月紀時，因
此不同的組合數等於 60 × 12 × 60 × 12 = 518,400。如果把一個
時辰分成上、下兩半，也不過僅有 1,036,800 種。這就是鴿籠
數目，但天下人卻不只上千萬，所以必有八字相同而命運相異
的人。還有咸豐年間陳其元《庸閑齋筆記》曾說：

余最不信星命推步之說，以為一時生一人，一日當生
十二人，以歲計之則有四千三百二十人，以一甲子計之
止有二十五萬九千二百人而已；今只一大郡以計，其戶
口之數已不下數十萬人（如咸豐十年杭州府一城八十萬
人），則舉天下之大，自王公大人以至小民何啻億萬萬
人？則生時同者必不少矣，其間王公大人始生之時必有
庶民同時而生者，又何貴賤貧富不同也？

此處則是以 12 時辰、360 日、60 甲子計算，得出 259,200
的鴿籠數。阮癸生與陳其元駁斥以生辰八字推斷命運的做法，

都隱含使用了鴿籠原理的思想。

　　隨劉鈍之後郭正誼再披露進一步補充的觀察。[2] 他認為最早駁斥八字算命虛妄的是南宋無錫人費袞，在 1192 年刊印的《梁溪漫志》裡，有一段運用「鴿籠原理」的筆記〈譚命〉：

> 近世士大夫多喜譚命，往往自能推步，有精絕者。予嘗見人言日者閱人命，蓋未始見年月日時同者，縱有一二必唱言於人以為異。嘗略計之，若生時無同者，則一時生一人，一日當生十二人，以歲計之，則有四千三百二十人，以一甲子計之，止有二十五萬九千二百人而已。今只以一大郡計其戶口之數，尚不減數十萬，況舉天下之大，自王公大人以至小民，何啻億兆，雖明於數者有不能曆算，則生時同者必不為少矣。其間王公大人始生之時則必有庶民同時而生者，又何貴賤貧富之不同也？此說似有理，予不曉命術，姑記之以俟深于五行者折衷焉。

　　上文中的「時」意指「時辰」，一年之中有 12 × 30 × 12 = 4,320 個時辰，一甲子是 60 年，所以共有 259,200 個時辰。因為 60 年裡出生的人數遠大於時辰數，所以「生時同者必不為少矣」，這可以說是「鴿籠原理」的應用。然而，「鴿籠原理」並不能保證「其間王公大人始生之時，則必有庶民同時而

生者」。費袞使用「鴿籠原理」的嚴謹性雖不如呂里雄，但是
費袞超前呂里雄四百年。在不重視邏輯與證明的中國古代士人
圈裡，費袞的推理本領也可算是奇葩了。

第 10 章

遲來報到的質數

　　2013 年國際數學界最轟動的新聞，應屬中國留美學者張益唐在孿生質數問題上所作出的突破。他個人的經歷更增加了整件事的傳奇性。張益唐雖然是北大數學系的高材生，但是 37 歲從美國普渡大學拿到博士學位之後，因與指導教授意趣不合，一時在學界無法發展，多年靠打工餬口。1999 年才好不容易至新罕布夏大學數學系任講師。在張益唐長期不得意的歲月裡，他雖然沒有發表什麼數學論文，但是也不曾喪失志氣，還是堅持研究自己喜歡的數學問題。

　　張益唐在 58 歲暴得大名，各種獎項與頭銜接踵而來，在最是少年逞英豪的數學世界裡，真成為一個異數。英國數學家哈代在他著名的小冊子《一個數學家的辯白》裡曾說：「我不知道有任何一項數學的主要進展，是由超過五十歲的人所啟

動。」張益唐正好給哈代的偏見一個反例。

張益唐研究的是關於質數的性質。一個自然數 p 是質數（也稱為素數）的條件有二：其一，p 大於 1；其二，除了 1 與 p 自己之外，沒有別的自然數能整除 p。全體質數可以從小到大排成一個數列 2, 3, 5, 7, 11, 13, …，通常把排在第 n 個位置的質數記作 p_n。如果 p_n 與 p_{n+1} 相差為 2，則稱質數對 (p_n, p_{n+1}) 為一對孿生質數，例如 3 與 5，5 與 7，11 與 13。

孿生質數猜想就說這樣的質數對有無窮多組。因為古希臘的歐幾里得在他的巨著《原本》裡，曾經證明質數有無窮多個，所以有人以為也是歐幾里得最先提出孿生質數猜想。其實不然，目前從文獻中所見，1879 年英國數學家格萊舍（James Whitbread Lee Glaisher）在《數學信使》（*Messenger of Mathematics*）雜誌上的一篇文章，是第一次將孿生質數猜想見諸文字。[1]

張益唐的大突破是證明有無窮多組質數對 (p_n, p_{n+1}) 使得 p_n 與 p_{n+1} 相距不超過 7 千萬。為什麼這是一個大突破呢？因為在張益唐之前，不管給出什麼固定數 m，完全不知道相差在 m 之內的質數對，到底是有限多個還是無窮多個。自從 2013 年 5 月他的成就在國際媒體上廣為流傳之後，世界上很多數學家努力要把 7 千萬的差距往下壓縮，目前已經改善到 246 之內。但是距離孿生質數猜想所需的 2，還有巨大而艱困的鴻溝。

一般人從媒體得知張益唐對數學做出了重大貢獻，可能會

好奇問他的結果有什麼用？這裡「用」當然是指實際的應用。其實，他的成果目前還只有純學術價值，與國計民生毫不相干。自從古希臘人辨識出質數，在兩千多年的時間裡，除了數學家關心質數外，質數一直缺乏任何應用價值。二十世紀電腦發達之後，才利用因數分解成質數的超級困難特性，產生了某些幾乎無法有效破解的密碼系統，廣泛的應用到金融、通信、資料保密上。

在中國古算裡缺席？

　　一個基本的數學概念，經歷了兩千多年的滄桑，才顯現出它的實用價值，這不是一件平凡的成就。因此，我們不得不佩服希臘人研究質數的真知灼見，並且感嘆十八世紀前的中國傳統數學裡卻不見質數的蹤跡。質數為什麼會在中國遲來報到？實在是一個令人費解的現象。

　　歐幾里得的《原本》約在西元前 300 年左右成書，是古希臘數學集大成之作。第七卷討論數的性質，是使用幾何的觀點來理解數。也就是從「單位」的概念出發，以度量直線段的方式引入「數」。第七卷定義 2 說「一個數是由許多單位合成的。」因此，1 代表單位而不算作「數」。定義 11 說「質數是只能為一個單位所量盡者。」定義 16 說「兩數相乘得出的數稱為面，其兩邊就是相乘的數。」所以質數只能是線，而不

能稱為面。

從這些定義可看出來，古希臘人所謂的「數」是依附在幾何的體系裡而得以操作。中國古代缺乏像《原本》這種按照邏輯次序鋪陳結果的數學書，通常是以解決實際問題的風貌來書寫，因此不太可能探討與闡述「數」的純粹性質。例如，以《九章算術》為代表的中國古算裡，數字是與矩形、直角三角形的面積緊密相連結，但卻沒有像希臘人那樣分辨，有些數是可以表現為面，而有些數卻不可以。

也許古代中國缺乏一項歐幾里得所擁有的知識背景，因而造成了雙方關注問題的差異。古希臘有一位重要的哲人德謨克利特（Democritus），他主張萬物皆由不可分割的「原子」所構成。在「原子論」的知識背景下，數目 1 就不會與其他數目等量齊觀了，1 是「單位」，是數的「原子」。中國古代沒有明確的「原子論」，《墨子・經說下》所說：「非斫半，進前取也。前，則中無為半，猶端也。」其中切得不能再切的「端」在《墨子・經說上》解釋為「端，體之無序而最前者也。」也只是類似「原子」的概念，並未發展到德謨克利特的思想程度。「原子論」思想的欠缺，或許是質數在中國古算裡缺席的因素之一。

難以望其項背

康熙敕編的《御製數理精蘊》（簡稱《數理精蘊》）是融合中西數學的百科全書，其中將質數譯為「數根」，並且在附表〈對數闡微〉中列有質數表。雖然質數已經在中國現身，但是數學家並沒有感到相見恨晚而深入探討。

晚清數學名家李善蘭在翻譯歐幾里得《原本》後九卷時，第一卷第一界說為：「數根者唯一能度而他數不能度」，也把質數翻譯成「數根」。李善蘭很可能受《數理精蘊》的影響，而去研究判別給定數是否為質數的方法。英國傳教師偉烈亞力（Alexander Wylie）將其中一法，以給編輯的信公布在香港一家英文雜誌上，其敘述為「以 2 的對數乘給定的數，求出其真數，以 2 減同數，以給定數除餘數，若能除盡，則給定數為質數；若不能除盡，則不是質數。」[2] 此命題常被稱為「中國定理」，其實是歐洲早已知道的「費馬小定理」的逆命題，該定理斷言若 p 為質數，則 $2^p - 2 \equiv 0 \pmod{p}$。

其實李善蘭的方法並不永遠正確，例如：$2^{341} - 2$ 是 341 的整倍數，但是 341 = 11 × 31 並不是一個質數。1872 年李善蘭在《中西聞見錄》報刊發表了〈考數根法〉一文，成為清末關於質數研究的重要成果，但是他並沒有收錄「中國定理」，應該是他已經知道命題並不為真。

要知道李善蘭與高斯的生命是有重疊的時期，因此當西方

以質數為基礎所建立的數論，已經繁複深刻美不勝收之時，也許連李善蘭都不曾完全清楚中國落後的程度是多麼巨大！

第 11 章
如果 0 不算偶數，
1 也曾經不是奇數

　　2020 年 1 月 23 日武漢因為防止新冠肺炎病毒傳染而封城的消息傳開，也引起臺灣民眾的恐慌情緒。在能購買到口罩的藥局、便利商店、超商、大賣場都出現排隊搶購的人龍，使得很多人感覺一罩難求。到了 2 月 6 日當局不僅禁止口罩外銷，並且由官方統購口罩，再按實名制發售。民眾須憑全民健康保險卡到特約的藥局才能買得到，並且還要看身分證末碼來區分允許購買的日子。奇數號者限於每星期一、三、五，偶數號者限於每星期二、四、六，週日才開放全民購買。

　　第一張宣傳「口罩實名制上路」海報一經推出，居然引起預先沒想到的小風波，就是有相當數量的人不確定，如果末碼是 0 的話，應該在星期幾去買口罩。因此引起臺南奇美醫院的陳志金醫師在臉書上諷刺的說，實名制的最大貢獻在於讓國人

知道奇數與偶數的差別。他還強調至少會有 230 萬人（而非 2,300 萬人）知道了「零」是偶數。

他還在文末標注了關鍵字：「數學教育史上的一大突破」，以及「衛福部兼教數學，跨部會合作的典範」。陳醫師的這篇臉書立刻受到廣大媒體的轉載，讀者們也發出了各種各樣的酸言酸語回應。迫使當局推出加注「0 是偶數喔」的改良版海報。其實還不如直接說末碼 1、3、5、7、9 在星期一、三、五購買，末碼 0、2、4、6、8 在星期二、四、六購買，讓大眾一目了然。

爬梳奇偶概念脈絡

平日裡「奇數」、「偶數」並不是太冷僻的字眼，然而數字分奇偶到底從何而來呢？

要說「偶」先從「耦」講起。東漢許慎所著《說文解字》〈卷五．耒部〉：「耦：耒廣五寸為伐，二伐為耦。從耒禺聲。」清朝段玉裁《說文解字注》說：「耕，各本作耒，今依太平御覽正。匠人：耜廣五寸，二耜為耦，一耦之伐。⋯⋯注：古者耜一金兩人併發之，⋯⋯伐之言發也。⋯⋯耕卽耜，謂犁之金其廣五寸也。⋯⋯『長沮、桀溺耦而耕』，此兩人併發之證。引伸為凡人耦之侶。俗借偶。」就是說用來挖開泥土的耕作農具是五寸長的金屬器，由兩個人一起操作，稱之為

「耦」。並且引用《論語》〈微子〉中記述長沮、桀溺兩人合作耕地為「耦」的證據。又因「耦」可指製造的人俑，俗字就借用為「偶」。所以「耦」（「偶」）最初只是指兩個、一對。

其他佐證的例子，如《左傳》〈襄公二十九年〉：「公享之，展莊叔執幣，射者三耦。」曹魏末與西晉前期的杜預注：「二人為耦。」西晉陳壽《三國志》〈卷四七‧吳書‧吳主權傳〉：「今孤父子親自受田，車中八牛以為四耦。」可能西漢已成書的《周禮》，其中〈夏官‧司馬〉講「射人」的職責有謂：「王以六耦……諸侯以四耦……孤、卿、大夫以三耦」。

再來說「奇」字。許慎《說文解字》〈卷六‧可部〉：「奇：異也。一曰不耦。從大從可。」段玉裁《說文解字注》說：「異也。不群之謂。一曰不耦。奇耦字當作此。今作偶，俗。」解釋做與別的不一樣時讀如「其」，做為耦的否定面時讀如「基」。所以從字源上來說，二為偶，偶為基本，奇因否定偶而生。還沒有用奇偶把正整數區分為兩類的抽象概念。

中國古代普遍把《易》當作數學的源頭。東漢班固《漢書》〈律曆志上〉：「自伏羲畫八卦，由數起，至黃帝、堯、舜而大備。」唐朝顏師古注曰：「言萬物之數因八卦而起也。」中國古代偉大數學家劉徽所作《九章算術注》序言說：「昔在包犧氏始畫八卦，以通神明之德，以類萬物之情，作九九之術以合六爻之變。」也附和這種論調。

　　清朝康熙《數理精蘊》〈卷一‧數理本原〉開宗明義說：
「粵稽上古，河出圖，洛出書，八卦是生，九疇是敘，數學亦
於是乎肇焉。」延續此一傳統觀點。在乾隆《欽定四庫全書總
目提要》《經部卷一‧經部一》說：「又《易》道廣大，無所
不包，旁及天文、地理、樂律、兵法、韻學、算術以逮方外之
爐火，皆可援《易》以為說，而好異者又援以入《易》，故
《易》說愈繁。」綜述了《易》幾乎無所不包的看法。

　　中國傳統主流思想沒有把數的起源訴諸自然的計數行為，
而歸功於《易》這本卜筮之書，也使得數與象數、術數這些玄
學領域結下不解之緣。

　　既然《易》是數學的源頭，那麼奇偶在其中是如何呈現的
呢？遍查《易》的本文不見奇、偶、耦這三字的蹤影。但是後
世闡發《易》時常援引《易‧繫辭傳》，這可說是戰國時期以
孔子學說為本，衍申《易》思想的言論集。把二元對立統一的
形而上思想，通過乾坤、剛柔、陰陽等概念，發展成宇宙觀、
世界觀、人生觀。

　　《易‧繫辭傳》下篇有云：「陽卦多陰，陰卦多陽，其故
何也？陽卦奇，陰卦偶。」就把陽陰與奇偶關連了起來。根據
俞曉群的見解：「《易傳》中除陰陽之外，還給出了大量的二
元配列，尤其是其中有一個特點，使陰陽學說發生了質的變
化，這就是將數字的奇偶性列入陰陽配列，它是陰陽學說抽象
化的起點，這也正是老子哲學與孔子哲學的相通點之一。」[1]

　　《易‧繫辭傳》在《易傳》十篇中只占據兩篇，除了前面引文，並不再有論及奇偶的地方。倒是在下篇中說到：「天一地二，天三地四，天五地六，天七地八，天九地十。天數五，地數五，五位相得而各有合。」把一到十的正整數分為天地兩類，單數屬天，雙數屬地。從一到十這十個數字，在《易》的思想體系裡，各有自己的種種說法。

　　然而就文本上看來，奇偶之分的關注點就在這十個數字，沒有明顯擴張成所有正整數的分類。當然「偶」已經比原始的「耦」意義有所擴張，從而不再只算是「耦」的俗字了。另外值得一提的是，後世大量有關《易》的著作中，「陰陽奇偶」經常並列出現，但是他們的語境脈絡是在象數、術數的傳統中，而非涉及數學的概念。

　　那麼在中國傳統的數學書中，奇偶又是如何出現呢？主要記載漢代數學成就的《周髀算經》沒出現「偶」字，「奇」字出現一次，用在「有奇」一詞，這裡「奇」的意思是零頭，而不是非偶的意思。總結自先秦以來中國古代數學成績的《九章算術》既沒有用到「偶」，也沒有用到「奇」。大約成書於南北朝的《孫子算經》中有四次用「奇」表示餘數，僅在全書末推算婦女生產結果時說：「奇則為男，耦則為女。」明顯承繼《易‧繫辭傳》傳統，把「陽、奇、男」歸為一類，「陰、偶、女」歸為另一類。

　　《孫子算經》討論了度量衡單位和籌算的方法，並詳述乘

除法如何操作。應該算是比較重視處理數字計算的經典，但是對於奇偶這種涉及數的本質的問題，並未顯示任何關注。這種現象並不令人感覺意外，因為中國古代數學書籍以實用為目的，用心自然不在探討數的本質。

約成書於南北朝的《張丘建算經》序言裡說到：「凡約法，高者下之，耦者半之，奇者商之」，這種講法已經隱含作者知道數（當然是指正整數）可分為奇偶兩類，至於如何分辨奇偶應不言而喻。現下流通的《夏侯陽算經》約成書於唐代宗，在〈明乘除法〉一章說：「高者下之，可約者約之，耦則半之」是沿襲了《張丘建算經》的說法。以上就是蒐羅漢、唐古典數學成果的《算經十書》中涉及奇偶的地方，其實非常稀少，也可說奇偶概念在數學脈絡裡沒什麼重要性。

宋、元時期是中國傳統數學的高峰期，而南宋秦九韶的《數書九章》是代表性的著作，有人說能與《九章算術》相媲美。該書起首闡述了大衍求一術，也就是一次同餘方程組的解法，後來為西方稱為中國剩餘定理的源頭。在解釋演算法時曾說：「元數者，先以兩兩連環求等，約奇弗約偶。」後續也多處提及奇偶，應該反映至遲到宋朝，善算者熟於運用數分奇偶的性質。

明朝程大位在 1592 年出版的《算法統宗》是一部流通甚遠的數學書，特別是詳備珠算知識而為後世稱道，傳入日本後更促成了和算的建立。該書第一卷有〈用字凡例〉一節，列出

73 項書中主要概念名詞，雖說尚未達到精準定義程度，但已經是難能可貴的做法。不過其中並不包括奇偶二字，再次可見在中國傳統數學裡，奇偶性沒有成為關注焦點。附帶一提，不僅奇偶不受注意，白話所用「單」與「雙」也難一見。

當西方數學來到東方

明末清初歐洲傳教士給中國帶來西方數學知識，康熙敕編的《數理精蘊》是融中西數學於一體的數學百科全書，對於清朝的數學發展影響深遠。《數理精蘊》第五卷是〈演算法原本〉，所根據的是歐幾里得《原本》第七卷的數論結果，但為符合實用目的而有所刪減。〈演算法原本〉第二節開始便說：「數之目雖廣，總不出奇偶二端。何謂偶，兩整數平分數是也。何謂奇，不能兩整平分數是也。如二、四、六、八、十之類，平分之，俱為整數，斯謂之偶數矣。三、五、七、九、十一之類，平分之，俱不能為整數，斯謂之奇數矣。」這種把奇偶明白定義的呈現方式，是先前中國本土數學書沒有意識到的地方。

另外值得注意的是，在這段文辭上方，配有顯示奇偶的圖片。每個數字表以兩列小圓點，兩列同長者為偶，相差一圓點者為奇。不過圖片裡偶數的行列既沒有 0，奇數的行列也沒有 1。

　　1607 年由利瑪竇與徐光啟翻譯流通的《幾何原本》只包含歐幾里得《原本》前六卷，〈演算法原本〉所依據的是傳教士為康熙學習而編譯的第七卷稿本。清末 1857 年李善蘭與英國人偉烈亞力才譯刊了《原本》後九卷。第七卷之首列界說二十二則，「第六界，偶數者可平分為二」，「第七界，奇數者不可平分為二」。

　　在藍紀正、朱恩寬首次白話全譯的《幾何原本》（1990年陝西科技出版社，1992 年臺北九章出版社），兩則定義分別翻譯為：「6. 偶數是能被分為相等兩部分的數」，「7. 奇數是不能被分為相等兩部分的數，或者它和一個偶數相差一個單位」。奇數的定義比李善蘭與偉烈亞力的譯文多了後半句，這後半句其實很重要，因為它涉及「單位」這個詞。再看舊譯與新譯兩則定義的對照：

　　舊譯：
　　「第一界，一者天地萬物無不出乎一。」
　　「第二界，數者以眾一合之而成。」

　　新譯：
　　「1. 一個單位是憑藉它每一個存在的事物都叫做一。」
　　「2. 一個數是由許多單位合成的。」

再拿希斯爵士的權威英譯來做一個對比：

「1. An unit is that by virtue of which each of the things that exist is called one.」

「2. A number is a multitude composed of units.」[2]

所以古代希臘人認為 1 是「單位」，並不算做「數」。

奇偶在英文裡對應的字是 odd 與 even。根據施瓦茲曼（Steven Schwartzman）的書《數學用詞》（*The Words of Mathematics*）[3]，odd 源自北歐古語 oddi，意指不勻稱的事物，像是三角形之異於直線段，就是因為有第三點凸出去。從此引伸，形容不守常規、奇怪、不尋常的人為 odd。把一對對襪子配成雙，如果還剩下一隻，就叫做 odd sock。古代希臘人既然不把 1 當作數，也就不奇怪他們認為第一個 odd 數是 3，比表示一雙的 2 多出 1。另外與中國人類似的，他們也認為 odd 數屬男性，even 數屬女性。施瓦茲曼對於 even 的說法是它屬於英格蘭本土語，意指「平整，無變異。」even 數可以平整分為兩層，而 odd 數無法辦到。

由美國佛羅里達退休中學教師米勒（Jeff Miller）維護的網站《某些數學名詞首次使用記錄》（*Earliest Known Uses of Some of the Words of Mathematics*）[4]對於 odd 與 even 的淵源另有補充，他說畢達格拉斯學派已知奇偶之分，並且以 gnomon 稱呼奇數。Gnomon 指「晷表」，是日晷上測量日影的標竿。在西方

gnomon 一般指像 L 的形狀，也就是堆疊平整之後又多出一塊的形狀。《數理精蘊》第五卷〈演算法原本〉的圖像，正是表示此一含意。大約十五世紀之後，英文裡的 odd 與 even 才融入了數分奇偶的意義。

至此，關於奇偶名稱的演化已經梳理完畢。讀者還記不記得陳志金醫師臉書文中提到：「還讓至少 230 萬人知道『零』是偶數！（230 萬沒有少一個 0 喔！想想看為什麼？這又是一個啟發的問題）」他的意思是什麼啊？很可能陳醫師是這麼想的，臺灣人口約 2,300 萬，身分證末碼用了 0 到 9 共 10 個數字，所以平均來算末碼是 0 的人約 230 萬，這些人搞清楚應該星期幾去買口罩了。

其實這個推算是有問題的，因為避諱 4 與「死」發音接近，1999 年已經宣布身分證末碼不再配發 4 號。這項改變產生一項有意思的後果：新北市永和區的永和國民中學與福和國民中學相隔一條街，學區內學生按照身分證末碼分配入學，奇數進永和，偶數進福和。但是因為末碼 4 不見了，造成福和的新生數銳減。

第 12 章
好難馴服的無窮小

　　包括埃及、巴比倫、印度、中國等遠古高度發達的文明，都對數學有相當重要的貢獻。不過，他們所理解的數學性質與實際物體緊密結合。例如，對於埃及人而言，直線就是拉緊了的繩索，矩形就是田地的邊緣。要到古希臘時代，數學才逐漸脫離實體的世界，變成心靈認知的抽象概念。傳說畢達哥拉斯領導的學派認為宇宙萬物的根源在於「數」。古希臘人的「數」，只包含 1, 2, 3, …這些現在所謂的正整數，而兩個數的「比」（ratio）只代表它們之間的一種關係，概念上並不等同於現代所謂的有理數。

　　根據畢氏學派的哲學信念，如果給定兩條直線段，就應該能找到第三條足夠短的直線段，使得給定的兩線段都是第三條線段的整倍數，希臘人會說原來兩線段是可公度的

（commensurable）。然而如何去找出用來當作單位的第三條線段呢？假設已知線段是 L 與 M，而且 L 比 M 長。那麼就用 M 去等分 L，如果能等分，M 就是單位線段，如果不能等分，則剩下的部分 N 會比 M 更短。現在把 M 當作原來的 L，把 N 當作原來的 M，然後用 N 去等分 M。如此反復進行等分，如果最終沒有剩餘時，就找到可用來公度 L 與 M 的單位線段了。

這套稱為「輾轉相度」（anthyphairesis）的求公共單位方法構想很妙，但是傳說在西元前五世紀，畢氏學派驚覺並非所有的量彼此都可公度。例如，把圖 12-1 正五邊形的邊 AD 當作 M，對角線 AB 當作 L，我們可看出 $AB - AD = AB - AE = BE$，然後 $AD - BE = AE - AF = EF$，再一步 $BE - EF = EG - EF$。問題轉變成尋找內部倒過來正五邊形的邊與對角線的公度單位。很顯然這種步驟可以一直重複，不斷向內施展到逐步縮小的正五邊形，如此無窮無盡永遠也找不到可用來公度的單位線段。

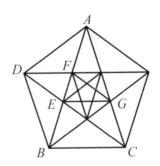

圖 12-1　正五邊形邊與對角線不可公度。

　　不可公度量的發現不僅徹底打擊了畢氏學派的教條，也使古希臘人警覺到無窮帶來的巨大困惑。

　　不可公度量的發現，同時引起了空間到底能不能無窮分割的問題。如果分割只能進行有限次，則空間就有最小的單元。那麼空間由一個個非常渺小的單元累積起來，便是一種離散的結構。如果分割可以永遠進行下去達不到最小單位，空間就成為一種連續的結構。師承畢氏學派的芝諾（Zeno）提出了像「阿基里斯與烏龜賽跑」及「飛矢不動」等著名的悖論，使得有限分割與無窮分割兩種主張，都面對難以消解的矛盾。

　　古代原子論的創始者德謨克利特，發現圓錐的體積是同底同高圓柱體積的三分之一。他想像圓錐是由不可再分割的無窮薄圓盤堆疊而成，然而令他困擾的是，若各層圓盤都相等則得到圓柱，但若各層圓盤不相等則圓錐表面就不可能光滑。德謨克利特雖然得到圓錐與圓柱體積的正確比例，但是無窮小帶來的邏輯困惑，使得結果的正確性無法得到嚴格證明。歐幾里得的巨著《原本》第 12 卷命題 10，使用歐多克索斯（Eudoxus）發展的不可公度量相比理論及窮竭法（method of exhaustion），才令人滿意的證明了德謨克利特的結果。

　　「窮竭法」這個名稱其實是比利時耶穌會士聖文森（Grégoire de Saint-Vincent）於 1647 年所引進，[1] 歐幾里得《原本》裡並沒有用無窮多個圖形去填滿而「窮竭」另一圖形的說法。所以聖文森命的名，雖然有強烈的暗示作用，但也有點偏

離歐幾里得的原來思想。例如第 12 卷命題 2 的敘述是：「圓與圓之比如同直徑上正方形之比」。證明使用了兩次歸謬法（ *reductio ad absurdum* ），使得無論假設兩圓的比小於或大於兩方的比都會導出矛盾，從而得到必須相等的結論。在導出矛盾的過程中，會用邊數足夠多的正多邊形去內接於圓裡，使得圓面積與內接多邊形面積相差小過預先給定的量，卻沒有說因內接正多邊形無窮接近圓以致最後等同於圓。

　　這種心思巧妙卻十分繁複的窮竭法證明，其實是一種有限的過程。如果說隱約可見無窮的身影，它也是以一種潛在的態勢存在。所謂「潛無窮」的概念可以這麼來理解：譬如，你志在必得某項拍賣品，因此凡是有人出價時，你就比他多加 100 塊錢，直到無人喊價為止。雖然在任何時刻你都只動用到有限數額的錢，然而你的財富潛力必須毫無止境，才能讓你用這種方式跟人拚價錢。

　　另外，做為與「潛無窮」對比的概念，是所謂的「實無窮」。例如想像 1, 2, 3, …這一系列數的總體也有個「數目」，不過它卻大於任何的正整數，完全是另外一種類別的「數」。古希臘人因為「無窮」帶來令人困惑的矛盾現象，所以在公開的數學證明裡，不敢使用實無窮的概念進行計算，只利用潛無窮方式的有限程序作定性的推理。《原本》第 12 卷命題 2 雖然精妙，但是歐幾里得終卷也沒給出圓面積的實際值。在使用窮竭法之前，對圖形間的比值必須先有答案，歸謬法起始時才

有明確的命題可以否定。希臘人又是怎麼先找出正確答案呢？

阿基米德的祕密

　　阿基米德（Archimedes）是古希臘時代最偉大的數學家，他在一本名為《力學定理的方法》（一般簡稱為《方法》）的書裡，記述了利用槓桿原理算出面積與體積的方法。他的基本思路可以用下面圖 12-2 的例子來看。

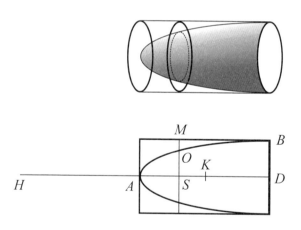

圖 12-2　阿基米德用槓桿原理計算體積。

　　假設 P 是拋物線 $y = x^2$ 環繞對稱軸旋轉所得到的拋物面體，C 是與 P 同底同高的圓柱體。P 與 C 的對稱軸在同一條水平線上，如圖 12-2 上方所顯示，而下方是通過對稱軸所作

的剖面。阿基米德想證明 P 的體積是 C 的一半。令 D 為底面與對稱軸的交點，可知底面是半徑為 BD 的圓。從拋物面體的頂點 A 向左延伸對稱軸到 H，使得 $AH = AD$。令 K 為圓柱體的重心，它必然是 AD 的中點。讓我們隨意取一個平行於底面的平面，與 AD 交於 S 點。此平面與圓柱相交截出半徑為 MS 的圓，與拋物面體相交截出半徑為 OS 的圓。現在把水平線當作 y 軸，HD 當作天平，而把天平支點擺在頂點 A。令通過 A 且垂直於 HD 的直線為 x 軸，根據拋物線的方程得到

$$\frac{BD^2}{OS^2} = \frac{AD}{AS} \ ,$$

因此

$$\frac{MS^2}{OS^2} = \frac{AD}{AS} \ ,$$

所以

$$AS \cdot MS^2 = AD \cdot OS^2 = AH \cdot OS^2 ,$$

從而導出（下式中 π 是圓周率）：

$$AS \cdot (\pi MS^2) = AH \cdot (\pi OS^2) 。$$

　　如果用槓杆原理解釋上式，就是說：圓柱體的每一截面，與同位置拋物面體截面（將其移到使重心落在 H），兩者會在天平上以 A 為支點達到平衡。

阿基米德下一步做了一個跳躍：既然這些截面在兩邊取得平衡，就認為兩個立體也在天平上以 A 為支點達到平衡。現在拋物面體的重心在 H，圓柱面體的重心在 K，它們各自的質量都好像集中在這兩點，於是根據槓桿原理下面方程成立（當然假設兩者密度相等）：

$$AH \cdot 拋物面體的體積 = AK \cdot 圓柱體的體積，$$

從而導出

$$AD \cdot 拋物面體的體積 = \left(\frac{AD}{2}\right) \cdot 圓柱體的體積，$$

結論：拋物面體的體積是圓柱體的體積之半。

阿基米德的力學方法揭露了尋找答案的途徑，但是過程中有邏輯上的跳躍，不符合歐幾里得《原本》對於證明的嚴謹要求。阿基米德為了要讓其他數學家接受他的答案是正確的，在另一本小冊子《論劈錐曲面體與旋轉橢圓體》裡，使用窮竭法與雙重歸繆法給出了正統的證明。

《方法》是一本自從十三世紀便失傳的著作，1906 年海伯格（Johan Ludvig Heiberg）在君士坦丁堡發現一本基督教祈禱文的羊皮書，他用放大鏡細心檢視原以為刮掉的底文，居然

辨識出阿基米德《方法》的大部分內容。不過裝訂書脊的部分壓住某些底文，使得海伯格傳抄出的《方法》存有空白的段落。之後，這本隱藏著唯一在世的《方法》珍本，又神祕的消失蹤影，直到 1998 年才出現在紐約的拍賣場上。

由美國學者奈茲（Reviel Netz）與諾爾（William Noel）合寫的《阿基米德寶典》[2] 一書記載了《方法》失而復得，並且經過現代高科技復原的精采歷程。尤其令人矚目的一項新發現，就是在海伯格無法完全辨識的第 14 題中，找到阿基米德能操作無窮小的無窮次求和，也就是他不僅沒有迴避，還進而運用實無窮的證據。

不可分量

西元六世紀之後，希臘古典數學的輝煌光芒逐漸淡去，一般歐洲學者已經很難看到歐幾里得與阿基米德的完整著作，要到十六世紀才重新燃起對希臘數學研究的熱情。雖然窮竭法與雙重歸謬法仍然是嚴格性與準確性的終極範本，但是數學家更勇於使用新的方法發現新的結果。伽利略的學生卡瓦列里（Bonaventura Cavalieri）是十七世紀初最富勇氣創新的學者之一，他的《不可分量的幾何學》（*Geometria indivisibilibus*）與《六個幾何問題》（*Exercitationes geometricae sex*），系統的推廣了利用無窮小計算面積與體積的方法。現在通稱的「卡瓦列

里原理」斷言：令兩立體等高，若以與底面平行的平面截兩立體，且距底面等高處兩截面總保持固定之比，則兩立體的體積比亦如是。*

　　因為卡瓦列里沒有讀過《方法》一書，他的無窮小思想並非阿基米德的嫡傳。在他之前克卜勒（Johannes Kepler）為了檢驗酒桶的容量，已經把立體分割為無窮多個無窮小的部分進行計算。當時數學界的風氣正如惠更斯（Christiaan Huygens）所說：「我們是否給出絕對嚴謹的證明，或這種證明的基礎，並不是很有意思的事。⋯⋯最基本也最重要的是發現的方法，學者們會很樂於知道這些方法。」[3]

　　卡瓦列里雖然知道用來計算體積的無窮薄截面有無窮多個，可是他關心的是兩組截面的相比關係，而且最終結論中並不會出現無窮小，因此他只把無窮小當作輔助的工具，既不認為他的「不可分量」純粹是一種潛無窮，也不去討論它的形而上本質。卡瓦列里對待無窮小的態度應屬不可知論（agnosticism）的立場。

　　「因為線條沒有寬度，所以數量再多的線條並排在一起，也無法構成任何微小的平面。」「兩個無窮之間的比例並沒有意義。」「不存在的事物，就是不可能存在，無法拿來互相比較。」耶穌會士古爾丁（Paul Guldin）用來抨擊卡瓦列里的這

----

*　　在中國此原理稱為「祖暅原理」。

些說法，在邏輯上都是站得住腳的。古爾丁的真正動機是想拿歐幾里得的數學體系來支撐基督教的神學體系，因為數學具備嚴密不變的邏輯架構，「其中的秩序與階層永遠不可被挑戰，」所以基督教的世界亦應如是觀。[4]

從矛盾中勝出

今日所謂「微積分」這門學問，是「微分」與「積分」兩套方法的匯流。阿基米德的力學方法與卡瓦列里的不可分量法，都是積分學的先河。而微分則發源於求曲線的切線、極大極小值或運動的速率等問題。當牛頓與萊布尼茲分別獨立發現微積分基本定理，辨識出「微分」與「積分」其實是互逆的演算過程，統一的「微積分」才於焉誕生。英格蘭的數學家大力推動牛頓風格的微積分，不斷談論所謂的初級與終極的比。歐陸的數學家則拚命擁護萊布尼茲的敘述方式，把無窮小當作非零卻又非任何有限值，甚至有時就是零的東西。

就像十七世紀基督教跳出古爾丁，為護教而抨擊卡瓦列里的不可分量一樣，十八世紀愛爾蘭教會的主教貝克萊（George Berkeley）害怕機械論與決定論對基督教日漸增加的威脅，在《分析學家》（*The Analyst*）一書中，發動了對微積分的強力攻擊。該書冗長的副題是「致一位不信教的數學家。其中審查現代分析的對象、原則與推斷是否比之宗教的神祕與信條，構

思更為清楚，或推理更為明顯」，從中便可看出貝克萊想為神學扳回一城的企圖。

貝克萊批評牛頓首先給變數一個增量，然後又讓它歸於零，所得的結果其實就是無意義的 0/0。至於把導數 dy/dx 當作是 y 與 x 的消失增量之比，柏克萊嘲笑它既不是有限量也不是無窮小，卻又不是虛無，因此變化率無非是「已逝量的陰魂」。

所幸十八世紀的數學家並沒有被神學嚇倒，甚至沒有被自己偶爾遭遇的矛盾煞車，他們勇敢的拓展微積分的威力，達到自希臘之後數學的另一段黃金歲月。這段精采的歷史讓我們深刻體會到，任何精緻封閉的邏輯系統，雖然容納了原有的數學知識，但當新的矛盾裂解了既存的體系時，數學家真正應該做的絕非是把頭埋在沙裡當鴕鳥，而應全力推動體系的擴充與層次提升。

整個十八世紀與十九世紀裡，實無窮意義下的無窮小始終找不到堅實的基礎。微積分的嚴格化基本上在十九世紀完成，不過數學家揚棄了把微積分建立在幾何上的企圖，從而推動所謂分析學的算術化（arithmetization of analysis）。他們先建立實數體系的嚴密邏輯基礎，再引入正確的極限理論，最終架構起微積分的大廈。有趣的是實無窮的思想不僅沒有從此消亡，反而在十九世紀末康托（Georg Cantor）建立的集合論裡找到自己的天堂。

　　無窮大並不單純是一種數，無窮大還有各種各樣的區分，複雜的程度令人目眩神迷。例如實數的總數到底是哪一種無窮大，至今也未曾獲得圓滿的解答。至於無窮小還要等到 1960 年代羅賓森（Abraham Robinson）建立了「非標準分析學」（non-standard analysis），才奠穩了不產生邏輯矛盾的基礎。

第 13 章

《戰爭與和平》與微積分

　　少年時曾經看過好萊塢拍攝的電影《戰爭與和平》，當時觀賞焦點幾乎都集中在女主角奧黛麗‧赫本（Audrey Hepburn）身上，因為我是她的鐵粉。1972 年暑假美國廣播電視公司（ABC）放映蘇聯製作的《戰爭與和平》，我當時正在杜克大學讀研究所，連續在電視機前看了好幾個晚上。這個超長蘇聯版本更貼近托爾斯泰（Lev Tolstoy）原著的風貌，尤其扮演皮埃爾（Pierre Bezukhov）的男主角讓我印象深刻，有些鏡頭過了近五十年還能記憶。

　　就是因為觀賞這部電影而激起我閱讀原著的興致，當然俄文小說是看不懂了，只好退而求其次看英文譯本。其實當年念高中時從圖書館借閱過不少世界名著，可是《戰爭與和平》實在部頭太大而沒想觸碰。我花了不少時間啃完英文翻譯，光那

些人名就搞得頭昏腦脹。不過故事真的好看，特別是有電影的圖像輔佐，便感覺故事更有立體感。托爾斯泰在書中不時跳出故事，以作者身分發表高論。碰到那種段落我大概直接跳過去，因為事後回想都沒什麼印象。

2001 年荷蘭數學與電腦科學家威塔尼（Paul M. B. Vitányi）在公布論文的平臺 arXiv 上貼出一篇文章，題目是〈《戰爭與和平》裡托爾斯泰的數學〉，這篇文章最終在 2013 年發表於普及數學文化的雜誌《數學信使》。[1] 威塔尼的文章讓我驚覺到《戰爭與和平》裡居然有與數學相關的內容，促使我重新翻閱當年跳過去的篇章，也引起我留意文獻中討論同一主題的著作。

被微積分解剖的歷史

其實有一篇非常有名的長文討論托爾斯泰在《戰爭與和平》裡表達的歷史觀，那就是 1953 年政治哲學家柏林（Isaiah Berlin）的〈刺蝟與狐狸〉（The Hedgehog and the Fox）。他在文中把作家與思想家分成兩類，一類專注用單一的理念看世界，稱之為刺蝟。另一類旁徵博引拒絕把世界單純化到一個核心理念，稱之為狐狸。在柏林的評價裡，托爾斯泰天生具有狐狸的資質，但是成為刺蝟卻是他的信念。利用這樣的二分架構，柏林分析了《戰爭與和平》展現的歷史觀。

　　托爾斯泰使用微積分概念議論歷史的主要段落，出現在
《戰爭與和平》第三冊第三部第一節。[2] 他說：「人類的聰明
才智不理解運動的絕對連續性。人類只有在他從某種運動中任
意抽出若干單位來進行考察時，才逐漸理解。但是，正由於把
連續的運動任意分成不連續的單位，從而產生了人類大部分的
錯誤。」接著他以希臘神話人物阿基里斯與烏龜賽跑的悖論為
例，說明把連續不斷的運動，分割成有限段落來觀察，所導出
英雄阿基里斯居然永遠追不上烏龜的荒謬結論。克服這種悖論
的方法必須是把觀察連續運動的時間段落不斷細分下去，也就
是趨向於無窮小的時段，然後再把運動的狀態總和起來，從而
得到對連續運動的正確認識。

　　托爾斯泰在這裡使用的是萊布尼茲以「無窮小」概念建
立起的微積分學。《戰爭與和平》的著作時間是在 1863 年至
1869 年之間，顯然托爾斯泰並不清楚在夯實微積分基礎方面，
科西（Augustin Cauchy）與魏爾施特拉斯（Karl Weierstraß）所
做的革新，他們以 ε 與 δ 的語言取代了「無窮小」這種邏輯上
有瑕疵的說法，而為微積分建立了嚴謹的理論體系。

　　「無窮小」的再次復活要到 1960 年代羅賓森發展出非標
準分析學，在此體系中能夠賦予「無窮小」不產生邏輯矛盾的
解釋。不過托爾斯泰使用微積分解剖對於歷史的認識時，是一
種隱喻式（metaphorical）的應用，只要對「無窮小」掌握直覺
的圖像就好，並不在乎「無窮小」的精準定義是什麼。其實在

托爾斯泰生存的時代，一般文人對於微積分的理解，應該都遠低於托爾斯泰的水準。而他還能從微積分得到靈感，用來分析歷史的規律，真的是非常突出的表現。

托爾斯泰認為利用「無窮小」理解連續運動的路徑，「在探討歷史的運動規律時，情況完全一樣。」因為「由無數人類的肆意行為組成的人類運動，是連續不斷的。」接著他述說了一段很重要的對於歷史的宏觀見解：「瞭解這一運動的規律，是史學的目的。但是，為了瞭解不斷運動著的人們肆意行動的總和的規律，人類的智力把連續的運動任意分成若干單位。史學的第一個方法，就是任意拈來幾個連續的事件，孤立的考察其中某一事件，其實，任何一個事件都沒有也不可能有開頭，因為一個事件永遠是另一個事件的延續。第二種方法是把一個人、國王或統帥的行動做為人們肆意行動的總和加以考察，其實，人們肆意行動的總和永遠不能用一個歷史人物的活動來表達。」

《戰爭與和平》中很重要的篇幅是以 1812 年拿破崙東征俄羅斯為背景，在第四冊第二部第七節中托爾斯泰說：「如果我們在史學家的著述中，特別是在法國史學家的著述中，發現他們所說的戰爭和戰鬥都是按照事先制定的計畫進行的，那麼，我們從其中只能得出一個結論，那就是說，這些論述是不真實的。」也就是說托爾斯泰完全反對個人英雄主義式的歷史書寫，同時否定以拿破崙的活動代表所有人們的肆意行為。

　　托爾斯泰主張任何歷史單位都是可以任意分割的。在第三冊第三部第一節中，他提出了一項相當驚人的建議：「只有採取無限小的觀察單位——歷史的微分，也就是人的共同傾向，並且運用積分的方法（就是得出這些無限小的總和），我們才有希望瞭解歷史的規律。」這裡包含了三個關鍵性的概念：歷史的微分、（歷史的）積分的方法、歷史的規律。

　　歷史是由人所創造的，人卻是一個個的單一個體，不可能無窮分割。然而人的思維與活動，卻是依隨時間綿延不斷連續變化，所以有可能考慮無窮分割，從而使得微分的概念有機會產生作用。問題是這種微分該如何進行呢？又如何把「歷史的微分」再加以積分呢？如此而來的歷史微積分與數學的微積分異同何在？這些問題托爾斯泰不僅在《戰爭與和平》沒有回答，就是在其他著作或通信裡也從未給出細節。

數學的文學性

　　如果想把數學裡的微分與積分運算，用一種複製的方式在歷史裡找出對應的操作，恐怕不是托爾斯泰或者任何人有能力完成的任務。因為托爾斯泰使用的是隱喻式語詞，不宜冀望在數學領域與文學領域之間存在精確的轉譯。然而隱喻仍然能夠提供想像的框架，以及鋪陳思維的藍圖。圖 13-1 勾勒出托爾斯泰想法的架構。

　　圖 13-1 左邊由下而上表示無窮小的運動經過積分達成連續的運動，這裡面的操作都可以得到嚴謹的數學處理。右邊由下而上表示托爾斯泰的「歷史的微分」，經過「歷史的積分」獲得「歷史的規律」。圖 13-1 中使用符號～表示一組對應關係，我們稱之為「隱喻同態」（metaphorical homomorphism）。

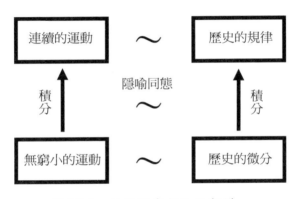

圖 13-1　托爾斯泰想法的架構。

　　「同態」是數學裡相當常見的基本概念，也就是在兩種結構 A 與 B 之間的一種映射，使得 A 中的運算結果可以通過映射摹寫到 B 中。所以表面看起來 A 與 B 是不同性質對象的結構，它們的大小也可能頗有出入，但是經由同態映射的聯繫，它們的運算結構其實是相同的。為什麼要多加一個「隱喻」來描述「同態」呢？那是因為圖 13-1 中右行所涉及的概念，還沒有精確清晰的定義，因此左右兩行的對應只是一種比喻，給

我們一種形象上的暗示。當然我們也不排除，這些籠統的概念也許有一天會得到令人滿意的嚴格描述。

托爾斯泰在《戰爭與和平》尾聲第二部第十一節中說：「假如歷史的研究對象是各民族和全人類的運動，而不是敘述個人生活中的插曲，那麼，它也應拋開原因的概念來尋求那些為一切相等的、不斷互相聯繫的、無窮小的自由意志的因素所共同具有的法則。」可見托爾斯泰引用微積分方法的目的，是在尋求歷史的法則（或說規律）。歷史可不可能有法則？法則的形式會是什麼樣子？這些涉及歷史哲學的問題，已經超越「隱喻同態」的範圍，應該留給那方面的專家來幫我們解惑了。但是不由讓人想起羅貫中在《三國演義》開頭說的話：「話說天下大勢，分久必合，合久必分。」說不準就是一條歷史的法則了。

《戰爭與和平》裡涉及歷史觀與微積分的段落，所占篇幅不算太多，應該很適合在討論數學文化的場合當作主題。美國麥克萊斯特（Macalester）學院的教授阿希爾恩（Stephen Ahearn）刊登在《美國數學月刊》的文章〈托爾斯泰在《戰爭與和平》裡的積分隱喻〉，[3] 報導了他在這方面的經驗。當他教完學生積分之後，便引入托爾斯泰的文章做為閱讀材料，並且要求學生寫一篇心得報告，評論托爾斯泰的積分隱喻是否成功。為了引導學生的思路，他還提出了下列參考問題：

1. 托爾斯泰的變數是什麼？

2. 托爾斯泰為什麼指出人類的活動是連續的？

3. 在托爾斯泰的隱喻裡是誰對應到黎曼和？

4. 在定積分的定義裡，是什麼部分對應於「取觀察的無窮小單位」？

5. 托爾斯泰的隱喻奏效嗎？還是一種無用的隱喻？

6. 你對這種把數學用來闡述歷史觀念的方法有何感想？

　　教授發下這種非比尋常的數學課作業，首先令學生大吃一驚。但是他們都欣然接受了這番挑戰，而最後都認為經過學習微積分，他們才開始體會出托爾斯泰到底在講什麼。

　　數學文化的一個面向是與文學的互動。《戰爭與和平》裡的數學元素是一種代表性的類型，然而還有其他的各種可能性。美國查理斯敦（Charleston）學院的教授開斯曼（Alex Kasman）建立的一個網站叫做《數學虛構》，[4] 蒐羅了超過一千件關於數學與數學家的長短篇小說、戲劇、電影，甚至漫畫的資料。想探索數學文化的文學面向，這裡是一座值得挖掘的寶庫。

03

藝數篇

第 14 章

數學美美的

　　1940 年英國數學家哈代在他的名著《一個數學家的辯白》中說：「數學家像是畫家或詩人，都是樣式（pattern）的創造者，如果數學家的樣式比較有永久性，那是因為它們是由理念所構成。」[1] 這就是把數學家與藝術家放到一個可類比的範疇裡。1923 年美國女詩人米萊（Edna St. Vincent Millay）寫下有名的詩〈只有歐幾里得見過赤裸之美〉（Euclid alone has looked on Beauty bare.），不僅讚美歐幾里得在數學上的成就，也凸顯了美在數學裡占據的崇高地位。

　　大數學家強調美在自己工作中的重要性，其實並不稀罕。例如，法國龐加萊曾說：「數學家研究純數學並非因為它有用，而是因為喜歡它，喜歡的理由是它美。」哈代也曾說：「猶如畫家或詩人，數學家處理的樣式必須是美的。概念也恰

似顏色或詞句，必須和諧的組合在一起。美不美是首要的檢
驗：醜陋的數學在世界上不會有永久的地位。」戴森回憶在普
林斯頓高等研究院時，有一次外爾（Herman Weyl）用帶點玩
笑的口吻說：「我總是在工作中努力結合真與美，然而當我必
須二選一時，我通常會選擇美。」

十個最美麗的數學式

2014 年 *Concinnitas* 計畫邀請了十位非常著名的數學家及
理論物理學家，提供各自認為最美麗的數學表達式，再以細點
蝕刻製成黑底白字的圖像，猶如在黑板上用白粉筆寫出來的樣
子。*Concinnitas* 這個拉丁字是文藝復興時期傑出通才阿爾伯
蒂用於描述數字與比例達到平衡和諧時之美。這批版畫在多
處畫廊展出，2017 年還進入紐約大都會藝術博物館與大眾見
面。[2]

Concinnitas 計畫展示的版畫有些包含不只一條公式，有
些還有拓撲或理論架構的圖樣。因為數學表達式的內涵都頗
有深度，所以每位提供者會附加精簡感想。斯梅爾（Stephen
Smale）是菲爾茲獎（Fields Medal）、沃爾夫獎（Wolf Prize）與
美國國家科學獎的得主，他挑選的最美麗數學運算式，並非他
自己令世人讚歎的成果，而是牛頓求解實係數多項式根的漸進
方法。他的感想如下：「『美即真，真即美』出自濟慈（John

Keats）筆下，他也寫過『美之物乃永恆之歡悅』，我願再加
補充『美既單純又深邃』。」電腦科學家卡爾普（Richard M.
Karp）認為最美麗的是定向與非定向多項式時間複雜度（P vs
NP）的結構，因為「彼此看來不相干的大量現象，居然會是
單一基本原理的各種表象。」

　　通過 Concinnitas 計畫展露的數學美，從一般人眼光來看，
應該沒有太強烈的視覺效應。唯有相當程度理解數學內涵後，
它們的美才能獲得誠摯的讚賞。

　　那麼問題來了，一般人所謂的「美」跟數學家的「美」到
底有沒有共同經驗基礎？因為今日科學還無力破譯大腦覺察
「美」的詳細過程，也許不應期望在短期內有可能圓滿解答這
個問題。

數學公式之所以美

　　澤奇（Semir Zeki）是倫敦大學學院的神經美學（neuroesthetics）
教授，他早年研究重心在靈長類大腦的視覺機制，後來漸漸轉
移到情感知覺與神經系統的相關性。他的實驗室使用功能性磁
共振造影（fMRI），針對看到美麗的圖畫、聽到悅耳的音樂，
記錄了大量腦部活化區域的影像。讓澤奇感到好奇的是，數學
家經常說美感導引了研究，那麼數學美感到底活化了大腦哪些
區域呢？

2013 年澤奇在英國數學泰斗阿提亞（Sir Michael Francis Atiyah）的協助下，進行了數學美感的神經基礎研究。[3] 他們從倫敦各大學徵求了十五名有數學研究所程度的男女生，在執行腦造影前二、三週，給每人同樣的六十條數學公式，請他們研讀並逐一由負 5（最醜）到正 5（最美）打分數。兩週後，在 fMRI 造影機掃描的同時，請受試者再將此六十條公式評等級，但這次只粗分三級：醜陋、無感、美麗。在實驗後的數日，受試者接到一份問卷，請他們從 0（毫無理解）到 3（深刻的理解），標示對每條公式的理解程度，以及寫下看到公式時的感受與情緒。

無論實驗前或掃描中，排名最美麗的都是歐拉的著名公式：

$$1 + e^{i\pi} = 0$$

另外，絕大多數人學過的畢氏定理，獲得的評等也相當高。關於看到美麗數學公式時有無情緒感受的問題，除了一位受試者沒有回答，一位說不確定之外，有九位回答有而未進一步描述。另外的人則說：「感覺有些興奮」、「五內俱感」、「感受就像是聽到美麗的音樂，或者看到特別動人的繪畫」。至於看到美麗公式時是否有愉悅或滿足的感覺，所有的回答都是肯定的。

澤奇團隊從 fMRI 掃描中獲得最令人耳目一新的結果是，數學美感強弱與大腦內側眼窩額葉皮質（medial orbitofrontal cortex，mOFC）的 A1 區域的活化程度相關。澤奇先前的研究已經確定大腦此區域涉及美感知覺，也就是說一般人從視覺與聽覺得到的美感，與數學家從數學公式得到的美感，具有共同的神經生理基礎。雖然現在腦科學還不足以徹底理解大腦如何評斷美醜，但是可以確定當數學美感產生時，大腦活化區域與日常美感有很大的重疊部分，這已經是非常重要的結論了。

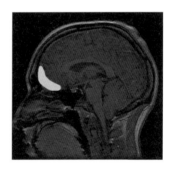

圖 14-1　明亮區域表示眼窩額葉皮質。

為了分析「理解」是否會影響對於美的評價，澤奇又找了十二位數學素人做為實驗對象，同樣問他們看到美麗公式時有無情緒感受，結果九位說沒有。這似乎表示數學素人對於公式美的情緒判斷，基本上是依據表面的形式。澤奇把一般感官經驗粗分為兩類，一類稱作生物性，一類稱作人為性。生物性只

與神經結構相關，不太受後天環境的影響，也與種族及學習無關，例如對於色彩的知覺。人為性則一生之中都有接受文化變造的可能。

數學是一種高度文明的產品，愈是深入理解愈有可能體會其中的美。柏拉圖甚至認為數學永恆與不變的真理，代表美的極致境界。看來數學美感似乎應該屬於人為性範疇。澤奇與合作者在 2018 年 11 月發表論文，[4] 顯示當受試者都達到基本的數學理解程度後，他們對於數學美的評價有高度的一致性，看不出種族與文化會造成區隔。這種現象又如何解釋呢？

澤奇援引康德對於美的直覺的觀點，認為數學公式所以美，是因為它「合理」（make sense）。合什麼理呢？就是大腦天生的邏輯演繹系統，這個系統凡人皆如是。澤奇又徵引羅素的說法：「邏輯的命題可先驗性的知曉，不需要鑽研真實的世界。」也就是說邏輯命題的根源，立基於先天的腦內概念。

澤奇團隊的系統性實證研究，到目前為止強烈的指向數學美感的基礎屬於生物性而非人為性。這也印證了諾貝爾物理獎得主狄拉克（Paul A. M. Dirac）的數學美原理：「使用美不美，而非簡單不簡單，做為追求最終真理的導引。」

2019 年 9 月在專業期刊《認知》（Cognition）上，英國巴斯大學管理學院強生（Samuel Johnson）與美國耶魯大學數學系斯坦伯格（Stefan Steinerberger）發表了一篇論文，[5] 他們拿四項數學證明、四段鋼琴奏鳴曲、四幅風景畫，給沒有數學專業訓

練的人欣賞。

　　第一群組把美感相當的數學證明與風景畫對應起來，第二群組把美感相當的數學證明與奏鳴曲對應起來，第三群組則針對九種涉及美感的範疇，將數學證明、奏鳴曲、風景畫加以評等。

　　論文報告的結果是受試者對於數學、音樂、繪畫的美感有高度的共識。兩位作者認為這種結果對於數學教育應該有啟發性，通過與藝術品的相互比擬有可能降低學習抽象數學的困難。

第 15 章
藝數不會是異數

「藝數」是近幾年在臺灣數學科普活動中經常看到的名詞,但是就我記憶所及,任教於臺灣師大附中的彭良禎老師早在 2004 年創意教學或數學教育的文章裡便曾使用藝數一詞。臺灣這一波藝數日夯的趨勢,反映了數學科普活動逐漸加強與藝術的溝通結合,涵蓋的範圍也比先前大幅擴張,因此有必要將藝數的涵義加以釐清。

依我的看法,藝數至少包含以下三個面向:

1. 以藝術手法展示數學內容。
2. 受數學思想或成果啟發的藝術。
3. 數學家創作的藝術。

現在依序來說明這三個面向的內涵。

藝術手法展示數學

最直接連結數學與藝術的方式，便是使用藝術手法展示數學內容。這種方式具有悠久傳統，而以幾何學為最常表現的題材。西方（包括伊斯蘭世界）無論是教堂、宮廷、城堡，處處可見幾何的蹤跡。這個現象並不令人意外，因為幾何是建築造形的骨幹。然而在西方繪畫裡，特殊幾何形體（例如，正多面體）的出現，值得讓人格外關注。

所謂的正多面體，就是立體的各個表面都是同樣的正多邊形。古代希臘人便知道恰好存有五種正多面體：正 4 面體、正 6 面體、正 8 面體、正 12 面體、正 20 面體，一般稱為柏拉圖立體。柏拉圖曾在論著中把火、土、氣、水與正 4、6、8、20 面體結合。在歐幾里得《原本》最後一卷裡，更證明了除此五種，就不再有其他凸正多面體了，這是古代希臘數學的一大成就。

文藝復興時期義大利人帕西歐里（Luca de Pacioli）撰寫《神的比例》（*De Divina Proportione*），曾請達文西（Leonardo da Vinci）手繪插圖（圖 15-1、15-2、15-3）。達文西不僅畫出柏拉圖立體及其他規則立體的美化圖片，還首次展現鏤空內部的多面體骨架。

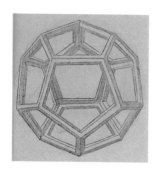

圖 15-1　鏤空正 12 面體。

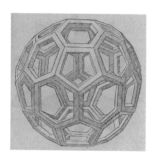

圖 15-2　鏤空截角 20 面體。

圖 15-3　鏤空正 20 面體。

在柏拉圖之後，希臘一代數學大師阿基米德放寬了關於規則性的要求，允許立體表面的正多邊形不必完全相同，只要從各個頂點觀察不出周圍有任何差異便可。如此產生了 13 種稱為阿基米德立體的半正多面體。到十七世紀德國天文及數學家克卜勒手上，進一步放鬆界定規則多面體的條件，因而能夠包容不滿足凸性的星狀多面體。

以上所提到的各類規則多面體，一直都是西方藝術裡非常喜愛表現的對象。甚至二十世紀超現實主義大師達利（Salvador Dalí）的名畫《最後晚餐的聖禮》，[1] 也以正 12 面體局部的骨架為背景。1999 年挪威藝術家桑德（Vebjørn Sand）在奧斯陸機場建造了跨距 14 公尺的裝飾藝術，是在克卜勒發現的大星形 12 面體內部裝入正 12 與正 20 面體，因此命名為「克卜勒之星」。[2]

數學啟發的藝術

在受數學思想或成果啟發的藝術方面，二十世紀最突出的傑作出自荷蘭版畫家艾雪（M. C. Escher）之手。艾雪在求學期間其實數學功課並不好，但是他自幼著迷於對稱與秩序。通過他敏銳的觀察力與豐富的想像力，不僅把已知的數學構形加以高度藝術化，而且還創作出一些令人感覺具有內在矛盾，卻又引人遐思，並且充滿冷寂理智的版畫。例如，1952 年以「重

力」為名用水彩上色的石版畫，構思顯然受到多面體的啟發。[3]

艾雪較為出名之後，也曾嘗試學習數學裡的群論關於對稱的分類，他更與加拿大著名幾何學家寇克斯特（H. S. M. Coxeter）通信。艾雪特別深愛在有限紙面上表現無限，他向寇克斯特詢問幾何問題時手繪過精細的附圖，並且後來在名為「圓極限 IV」木版畫加以具體實現。[4]

數學家的創作

其實數學家中藝術修養高的人也不在少數，有些甚至能創作極富特色的藝術品。例如莫斯科大學福門柯（Anatoly Fomenko），以幾何學與拓撲學的成就聞名於世。1990 年美國數學會還替他的藝術作品出版了一本專書《數學印象》（*Mathematical Impressions*），編號第 12 的墨筆畫中，靠畫框右邊露出頭頂的人，伸出雙臂準備將兩隻手掌勾在一起，在勾到之前就長出較小的雙掌準備勾連，如此重複操作而無止境。[5]可以把這種無窮勾連的手掌表面想像成如圖 15-4 的曲面。

這種奇怪的曲面在拓撲學裡稱為亞歷山大有角球面（Alexander horned sphere）。它內部雖然滿足所謂的簡單連通性（simply connectedness），但是外部空間卻無此性質，這是與正常球面迥然不同之處。福門科還有一幅傑作好似在效法杜勒（Albrecht Dürer）著名的版畫「憂鬱 I」（Melencolia I），他

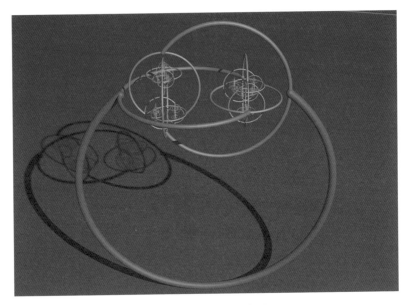

圖 15-4 　亞歷山大有角球面。

卻特意命名為「反杜勒」。[6]「憂鬱 I」右上角的四階幻方，在「反杜勒」中改變為自然對數底 e 的十進小數展開的方盤。e 的整數部分 2 放在方盤的中央，然後按照逆時針方向螺旋型排列下去 71828 18284 59045 23536 ⋯。

　　此外，任教於美國加州大學柏克萊校區的俄羅斯數學家傅藍可（Edward Frenkel），在 2010 年更是顛覆常人對於數學家的刻板印象，居然自製、自編、自導、自演了短片《愛與數學的儀式》（*Rites of Love and Math*），要向已故日本文豪三島由紀夫自製、自編、自導、自演的短片《憂國》（*The Rite of Love and Death*）致敬。傅藍可於片中裸體上陣，還在裸女的腹部刺青，紋出自己最得意的創作也是最熱愛的量子場論公式。已經有人戲稱傅藍可是最性感的「數學代言人」。

STEAM 教育潮流

目前很多國家的教育仍然偏重分科教學，而且師生互動程度不夠高，教材與生活的聯繫也不足。為因應二十一世紀社會變遷與科技發達的趨勢，這種型態的教育有加以改良的必要。例如美國從 1999 年起就推動所謂的 STEM 教育，其中各個英文字母代表的是科學（science）、技術（technology）、工程（engineering）、數學（mathematics）。這種教育方式的特色是用專題來導引，在學習過程中將四方面的知識有機融合，以最終解決具實際意義的問題為目標。

經過若干年實踐之後，又日漸興起一股把 STEM 擴充為 STEAM 的潮流，新加入的 A 代表 arts，也就是以藝術為主軸的人文素養。藝術與原來比較偏重科技的 STEM 關連起來，更能訓練學生強化創新能力，增進科技對於人文層面的關懷。人文與藝術的素養可能是未來置身處處有人工智慧的世界裡，安身立命不可或缺的準備。

從 STEAM 教育的潮流來看，現在呼籲重視數學教育與藝術教育的交流互動，就不是以滿足少數人的嗜好為目標了。這

種推廣的工作，有其重要的使命與任務。以目前臺灣各地教師與學生歡迎藝數活動的狀況看來，確實在原先令學生畏懼的傳統教學之外，開啟了一扇引進春風的窗戶。期許各級學校的數學教師，以及社會上愛好數學的人士，能參考國際上有關藝數的先進成果，為數學教育及數學普及活動，帶來耳目一新的改進。讓人有機會體認數學除了致用之外，還有追求美的目標。

第 16 章
以藝術展示數學及其啟示

多數臺灣人學習數學的經驗是痛苦的，印象裡數學以出難題為能事，除了當作升學篩選人才的工具外，一般人日後似乎也只會用到加、減、乘、除，以及一點初等的幾何概念而已。

我常在數學科普演講的場合裡提醒聽眾，如果數學的作用真的就局限在解難題的話，老早便應該被社會揚棄了，哪有可能從巴比倫與埃及時代延續四千年至今呢？

我們的學校數學教育幾乎完全集中在數學的專技知識，難得觸及數學的文化價值，以及與社會互動的歷史。其實數學並非在脫離世事的狀況下發展，數學會受到科學、工程與技術的衝擊自然不在話下，即使藝術對於數學也曾產生深遠的影響。

以繪畫藝術為例，在義大利文藝復興時期，由布魯內萊斯基（Filippo Brunelleschi）開創的線性透視法經阿爾伯蒂闡述其

中的數學原理後，逐漸成為畫出更為接近真實世界的標準方法。阿爾伯蒂的名著《繪畫論》開宗明義就講：「我首先要從數學家那裡擷取我的主題所需的材料。」至於運用透視法極為純熟的弗朗切斯卡（Piero della Francesca），在當時根本被當作數學家。由繪畫藝術發展出來的透視法，後來影響到數學家對於射影幾何學的建立，成為十九世紀數學的重要分支。

以往很多抽象的數學概念，只能在數學家的頭腦中想像，很難傳達給外行人體會。但是自從電腦帶來軟硬工具的革命性進步，數學的抽象建構也得以用藝術的手法呈現出來。近期更因為 3D 列印與雷射切割技術的協助，數學藝術能更精準的從平面走向立體。國際上很多藝術家都積極想從數學吸取靈感，創造出炫人耳目的新型作品。

看見數學的美

2008 年是德國的「數學年」，活動首要在扭轉學生及教師對於數學的認知，他們喊出的口號是：「你知道的數學比你自以為知道的還多！」[1]。對於社會大眾，不再擺出由上而下的教導態度，反而是在他們對於數學的觀感上下功夫。利用各種媒體讓民眾聽到、看到、接觸到數學在幹什麼，是關於什麼，以及有什麼挑戰。為了達成這些目標，德國數學界做了眾多的公關活動，印行了大量文宣品、雜誌文章及書籍，並且嘗

試開發新型的數學傳播工具與途徑，使得德國在數學傳播與推廣方面，也進入新的專業化階段。

在這之中，最引人矚目的展覽是由上沃爾法赫數學研究所（Mathematisches Forschungsinstitut Oberwolfach，MFO）[*] 策劃的「想像 —— 以數學之眼」（IMAGINARY—with the eyes of mathematics），使用圖像、3D 雕塑、多媒體影音及互動軟體等，以多元且直觀的方式讓民眾「看見」數學的美。

為了加強展覽品與觀眾的互動，主辦單位特別製作了一套名為 SURFER 的軟體，觀眾很容易經由觸控螢幕，畫出各種美麗的代數曲面（如圖 16-1）。在德國媒體界的支持下，還公開舉辦用 SURFER 繪畫的競賽。

「2008 數學年」結束以後，IMAGINARY 的巡迴展更走出了德國國境，前往奧地利、法國、葡萄牙、瑞士、英國、美國、西班牙展覽。因為這個巡迴展覽的巨大成功，在德國克勞斯・奇拉（Klaus Tschira）基金會的支持下，MFO 建立公開平臺「想像：開放的數學」網站，[2] 不僅向全世界的優秀團隊徵集展覽素材，更免費提供個人或團體使用，並且可以協助辦理展覽事宜。IMAGINARY 已在五十個國家巡迴展展出超過一百六十場，參觀人次超過兩百萬，從平臺下載的次數則超過

---

[*]　該研究所是一所相當特殊的學術交流單位，基本上不聘用永久研究人員，每週組織關於各種主題的研討會，邀請世界各地的數學家和科學家共同開展合作研究。

百萬。因為有世界各地的積極回應，使紀錄持續快速成長。

圖 16-1　使用 SURFER 軟體製作的心形曲面，方程式為：

$$(x^2 + \frac{9}{4}y^2 + z^2 - 1)^3 - x^2z^3 - \frac{9}{80}y^2z^3 = 0$$

　　2014 年 8 月國際數學家大會在韓國首爾舉行，有來自 122 國共五千餘人出席。會場設在「國際會議暨展示中心」（COEX），是一個龐大又現代化的會議、商展、購物中心。韓國當局配合眾多國際數學家來訪首爾期間，同時舉辦了很多項提升公眾對於數學認知的活動。在 COEX 也預留獨立的空間展出 IMAGINARY，韓方承辦展覽的單位是「國家數學科學研究所」（The National Institute for Mathematical Sciences，NIMS）。這個位於大田的研究所是在 2005 年成立，宗旨在推動尖端研究，結合數學與技術界來解決國家發展中面對的問題，並且致力傳播數學知識，訓練新一代的研究人才。

　　我在前往首爾參加國際數學家大會之前，並沒有特別關注到 IMAGINARY 展覽。然而每日在 COEX 的會場裡穿梭，自

然覺察到有一個展覽區對外開放，而且來參觀的中、小學生特別踴躍。在好奇心的驅使下，我也抽空跟著擠進去，結果大感驚豔。尤其他們提供的互動軟體 SURFER 非常好用，可畫出代數方程對應的各種形狀的幾何曲面，並且加以著色。SURFER 的互動功能使觀眾得以移動觀察曲面的各部分，以及在變動曲面方程係數下曲面的變化。因為 SURFER 操作簡便，連中學生都有能力用來製作美麗的圖像。這樣的軟體工具在學習函數與幾何等題材時，必然可以發揮極大的輔佐功能。

激發想像力的「藝數」展覽

我從首爾返臺之後，不時向數學界友人談及參觀 IMAGINARY 展覽的感想，盼望這類精采作品有機會進入臺灣嘉惠學子。結果數學學會理事長陳榮凱教授及祕書長王偉仲教授（均任職臺大數學系）在 2015 年 3 月 25 日來找我，告訴我學會有意願引進 IMAGINARY 展覽，並且已經跟德國的團隊有過初步接觸，對方態度非常開放與支持，除一些 3D 列印成品需購置外，絕大多數展示品都可免費下載，在臺印製公開展覽。他們兩位希望由學會組織一個策展工作小組，由我擔任召集人來推動這項工作。

陳、王兩位教授認為乘引入 IMAGINARY 之便，也應加入一些本地的成果來展示。因為王教授專長在科學計算，知道

國家高速網路與計算中心有一些值得向國人展示的精品，於是我們特別前往拜訪。最終獲得郭嘉真博士領導的「算圖農場」團隊的支持，同意提供他們創作的「流煙・舞」的精華，在計算粒子的動力學作用後，呈現出舞者肢體與煙霧互動過程，以及細膩的尾煙與陰影效果。

另外，王教授也推薦邀請中華大學工業產品設計學系李華倫教授參展，因為李教授多年致力於使用電腦進行幾何與動畫教學，擁有不少深具教育意義的作品，特別是以投影展現空間維度方面。

一旦有了這些基礎的展覽內容，大家更有信心展開發想，學會把展覽的中文名稱定為「超越無限・數學印象」，決定承繼原始 IMAGINARY 採取畫廊風格的展覽方式，凸顯以藝術手法表現數學，使得觀眾能夠沉浸在數學與藝術交融的環境裡安心靜賞，而不至於被數學的硬知識嚇倒。依循這樣的策展方向，我也推薦引進三組本地的展覽專案，他們的作品都曾經在國外獲選參加展示：

組一，臺灣大學金必耀教授團隊以串珠與串管的方式展現化學分子的空間結構，這些美麗的作品更充分揭露了空間幾何的對稱特性。一般民眾對於化學影響日常生活的印象比較鮮明，通過金教授團隊的作品，更能夠體認數學在化學上發生的作用。

　　組二，新竹交通大學陳明璋教授展示以 PowerPoint 為平臺所發展的結構式繪圖系統 AMA，可以繪製仿自然山水畫與複雜的對稱構圖及光點系列。陳教授的系統特別能彰顯反復運用簡單的原理，即可造成極為繁複的表象，正是數學以簡馭繁精神的實踐。

　　組三，由新近投入數學藝術的余筱嵐與荷蘭藝術家若洛夫斯（Rinus Roelofs）合作的「多面體花園」，大力擴展了達文西為《神的比例》所作插圖的立面體構形法，製作出各色各樣藝術化的多面體。若洛夫斯同時展出他在連結孔結構方面的精美圖像及 3D 列印作品。另外，余筱嵐還帶領志願參與的學生，使用 Zoomtool 這種建造數學模型的精緻工具，搭建直徑逾三米的大球。

　　「超越無限‧數學印象」從 2015 年 12 月 18 日至 2016 年 2 月 29 日在高雄科學工藝館第一階段展覽，於 2016 年 3 月 18 日轉移至臺北科學教育館進行第二階段展出至同年 5 月 1 日。臺北的展覽更增加了花蓮東華大學魏澤人教授製作的軟體系統，當場將觀眾面部的拍照，即時與系統提供的 17 種不同畫風的背景產生風格融合的寫真。魏教授編寫的連結網路程式系統，基本上與當時媒體熱議的 AlphaGo 人工智慧系統相近，因而引起觀眾的熱烈迴響。

　　籌辦「超越無限‧數學印象」展覽的過程，在募款、媒體

與網路宣傳、培訓學生導覽員等方面，都得到比原來預期更好的效果。德國團隊的薇歐麗（Bianca Violet）小姐替我們設計了展覽的標誌圖像，並且在高雄開展前親自來到臺灣，參與各項推廣活動。

為了增加與民眾的互動機會，展期間南北共舉辦了 17 場工作坊，兩次中學數學教師專題研習會，以及使用 SURFER 作畫的公開競賽。工作坊的內容尤其豐富，包含摺紙、多面體模型、數學玩具、數學魔術、軟體實作、數學寫作等等，還有日本的算額專家深川英俊、幾何藝術家日詰明男，以及製作立方萬花筒高手園田高明帶領活動。若洛夫斯也利用臺北科教館寬廣高挑的門廳，指導青少年搭建達文西的穹頂結構。

策展團隊初步設定的目標，只是希望觀眾經由觀賞，改變對數學的刻板印象，進而激發與解放出旺盛的想像力。通過數月的展覽與工作坊活動，逐漸浮現一些可以開拓未來數學教育方向的看法。總結「超越無限・數學印象」展覽的經驗，相信已經產生幾項提升民眾對於數學認識的效果：

1. 擴充數學教育的場域

通常談到數學教育，大家聯想到的是教室裡教的數學。其實這是把數學看成專技與工具知識的後果。倘若把數學融會在歷史、文化、社會的情境中來學習，相信多數人能培養出實用的數感，以及欣賞空間形體美的能力，不僅會改進思考時的條

理，也能從數學家的奮鬥中得到精神激勵。所以，應該從消解教室的囹圄做起，把數學教育由學校擴及社會。

2. 翻轉數學學習成就的評價

展覽期間舉辦的各種工作坊提供了非常多寶貴的經驗。工作坊幾乎都包含動手做的活動，從參與者的反應看來，這些活動老少咸宜並且熱情高漲。在數學教室裡表現不出色的學生，有可能因為動手做的具體成果，恢復自己對數學的信心。所以數學學習成就的評價基準、角度與方式，也應該適度的翻轉，使得不擅長紙筆考試的學生能獲得積極正面的肯定。

3. 促進「藝數」展覽遍地開花

「藝數」展覽的經驗指引出另外一種促進學生學習的可能性。展覽與工作坊使用最多的材料是平價的紙張，如果有需要借助電腦操作，通常會使用免費的軟體。因此在學校的班級裡，同學可以分組製作「藝數」品，然後舉辦校內的觀摩展覽。目前數學學習多半是學生個人與難題拚搏，然而製作「藝數」品並在校內展覽，可以強化學生的合作學習與溝通能力，從而擴大數學教育的影響面向與層次。

4. 與國際夥伴共創潮流

繼高雄與臺北之後，在嘉義大學還有一次較小規模的展

出，這三次展覽在 IMAGINARY 官網中都有紀錄。

　　IMAGINARY 累積了國際上「藝數」展覽的經驗與人脈，開始舉辦交流經驗的國際研討會。命名為「IMAGINARY 開放與合作傳播數學研究研討會」（The IMAGINARY Conference on Open and Collaborative Communication of Mathematical Research），宗旨在：（1）探討數學傳播工作的前景；（2）找出成功轉化數學知識的途徑；（3）尋求現代的工具、概念與策略，以便有意義的引入群眾的參與。

　　第一屆於 2016 年 7 月 20 日至 23 日在德國柏林舉行；第二屆於 2018 年 12 月 5 日至 8 日在烏拉圭蒙特維的亞舉行；第三屆原訂 2020 年 9 月 8 日至 11 日在巴黎舉行，但因新冠肺炎疫病影響而延遲。

　　由於「超越無限・數學印象」的展覽成功，讓在臺推動數學文化普及的工作已經與國際數學傳播的道路接軌，之後可以繼續積極參與國際活動，吸取先進經驗，貢獻心智與力量來創造新潮流。

第 17 章
莫比烏斯把紙帶轉了幾圈

　　記得 2018 年初我在谷歌搜尋引擎裡打入「莫比烏斯」，出乎我意料之外第一頁跳出的全是關於電影《莫比烏斯》的訊息。我本來對此電影毫無所知，瞄了一下摘要文字，原來是一部沒有臺詞，內容又涉及閹割和亂倫的韓國電影，真是有點讓人感覺噁心。再用英文 Mobius 打入谷歌，結果出來的都是電玩《莫比烏斯 Final Fantasy》的訊息。這是一款可以在手機上單打獨鬥的遊戲，需要操作喪失記憶的主角與各種魔物在未知世界裡廝殺。其實我想找的是數學家莫比烏斯（August Ferdinand Möbius），哪裡知道他的大名已經移植到與數學不相干的場域。

天文學家的數學遺產

日爾曼地區在莫比烏斯出生的時候，還沒有一位國際知名的數學家。但當他過世時，日爾曼的數學家已經發揮強大的影響力，吸引各國年輕人紛紛前來學習。這種巨大轉變的產生，關鍵性因素是高斯的橫空而出，徹底革新了數學的面貌。1815年莫比烏斯曾去哥廷根跟隨高斯學習理論天文學，次年進入萊比錫（Leipzig）天文臺擔任觀察員。十九世紀初的日爾曼世界，當天文學家遠比數學家有更良好的聲譽和安穩的待遇。高斯跟莫比烏斯同樣是寒門出身，不也在 1807 年開始終身領導哥廷根天文臺嗎？

莫比烏斯雖然最終成為萊比錫大學的天文學正教授，但是時至今日他所留下的學術遺產，卻是在數學裡多方面的貢獻，最有趣的是他晚年所發現的一條極簡單又美妙的環帶：莫比烏斯環帶。

請讀者拿一張長紙條，把一端轉 180 度與另一端黏在一起，便完成了神奇的莫比烏斯環帶。這個環帶突出的特性是它只有單面，不像原來的紙帶有正反兩面。那麼有一個面到哪裡去了？當你沿著紙帶表面向前走到原來的一端時，因為已經做過半圈的旋轉，你現在就滑入了原來紙帶的背面。於是在莫比烏斯環帶上走啊，走啊，永遠不需要翻過側緣，也永遠碰不到盡頭。

　　在空間裡看起來扭曲的莫比烏斯環帶壓扁到桌面上，就得到圖 17-1 左邊的平面摺疊圖形。此圖與右邊谷歌雲端硬碟的商標（2012–2014）很相似，相異之處在於商標左側的那段紙帶是在底側紙帶的上面。

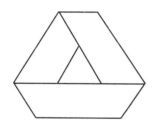 

圖 17-1　莫比烏斯環帶與谷歌雲端硬碟商標（2012–2014）。

　　其實，我們可以用摺紙方法製作這個商標。首先拿出一張長條紙，我們要在一端摺出一個 60 度底角。

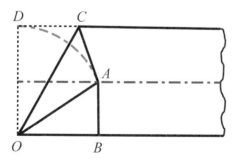

圖 17-2　摺出谷歌雲端硬碟商標。

在圖 17-2 裡，先把長條紙上下邊緣對齊，產生一條中線。然後把左邊緣的線段 DO 往中線摺疊，使得點 D 碰觸到中線上的點 A，於是角 BOC 就剛好是 60 度。為什麼呢？讓我們從 A 作垂直線段 AB，假設 AB 的長度是 1，則 AO = DO 便為長度 2。從三角關係便知角 AOB 為 30 度，從而角 AOD 就等於 60 度；但因角 AOC 與角 COD 相等，所以角 AOC 也是 30 度，那麼角 BOC 只好是 60 度了。

在長條紙上摺出了 CO 這條摺痕，接著我們用剪刀沿著 CO 剪下去，把三角形 COD 丟掉。然後把 O 點摺到上緣，使得線段 CO 與上緣邊線重合，就會產生一個正三角形。下一階段用這個正三角形做為模板，把長條紙反覆摺疊，打開後修剪掉右邊多餘的紙條，就成為具有 15 個正三角形摺痕的紙條，如圖 17-3。

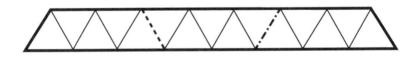

圖 17-3　谷歌雲端硬碟商標摺痕圖。

最後沿兩條粗摺線（在摺紙的術語裡，左邊的虛線稱為谷摺、右邊的點虛線稱為山摺），把左段摺在前面，右段摺到背面，右端放在左端上面，用膠紙黏合，就得到谷歌雲端硬碟的

商標。如果仿照旋轉紙帶製作莫比烏斯環帶的方法，我們可以抓緊長條紙帶一端，把另一端同方向旋轉三個 180 度後黏合，然後壓扁到平面上，也會得到商標的圖形，只是邊的長度也許沒那麼整齊。

環帶的靈感何處來？

有人說莫比烏斯是偶然間發現了這樣的環帶，其實這是有點戲劇化的講法。莫比烏斯在研究如何構成多面體時，使用了一種基本的想法，就是以黏合三角形來逐步形成多面體。為了準備參加巴黎科學院有關多面體幾何理論的競賽，莫比烏斯也研究了非封閉型（也就是會有邊界）的多面體，他從操作類似圖 17-1 的摺疊圖發現了單面曲面。在莫比烏斯身後出版的著作全集裡，收錄了一篇未曾發表的 1858 年文稿，其中包含了旋轉 3、4、5 個半圈的環帶，如圖 17-4。

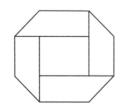

圖 17-4　旋轉 3、4、5 個半圈的莫比烏斯環帶。

可見莫比烏斯有系統的分析了這類環帶，發現旋轉半圈的次數如果是奇數，產生的環帶只有單面；但如果次數是偶數，則環帶仍然保有正反兩面。他更深刻的察覺，這些單面曲面上無法賦予明確的方向，也就是說你從一點出發，也知道當時的順時針方向為何，而當你沿著環帶遊歷一周後，雖然處處你都覺得延續了正確的順時針方向，可是返回出發點時，卻與原始的方向背反。莫比烏斯環帶破壞了所謂的可定向性，這是屬於曲面的拓撲性質，是比度量長度、角度、面積、體積更寬鬆的幾何性質。

1858 年莫比烏斯寫下單面曲面研究成果前幾個月，另外一位現在少為人知的數學家李斯廷（Johann Benedict Listing）已經作出同樣的環帶。莫比烏斯要到 1865 年才在公開發表的著作裡披露單面環帶，而李斯廷在 1861 年出版的專著裡，便公布了單面環帶的存在。李斯廷甚至在 1847 年出版有史以來第一本使用「拓撲學」這個名稱的書（德文書名為 *Vorstudien zur Topologie*）。不過，今日即使想替李斯廷討個公道，把莫比烏斯環帶改名為李斯廷環帶，恐怕也無能為力了。

製作莫比烏斯環帶是如此的簡單，很難不讓人懷疑為什麼沒有人更早發現它呢？在李斯廷之前的數學文獻裡，到目前為止沒有發現有關莫比烏斯環帶的記載。那麼我們探索的對象何不轉移到各種藝術圖像呢？結果在義大利的古跡山提農（Sentinum）羅馬別墅中，發現西元前 200 年至西元前 250 年

期間的地板馬賽克，正中央描繪了永恆時間之神艾永（Aion）
站在一條代表黃道諸星辰的環帶之中（如圖 17-5）。當我們
仔細沿著環帶移動時，能夠毫無疑義分辨出是在一條莫比烏斯
環帶上游走。現在還可在多處看見古羅馬遺留下艾永的繪像、
浮雕、馬賽克，然而唯有在山提農的別墅中，艾永所踩的環帶
是莫比烏斯環帶。

圖 17-5　艾永馬賽克。

　　山提農的馬賽克在 1828 年送進慕尼黑的博物館，三十年後李斯廷與莫比烏斯先後研究這個特殊的環帶，他們是否曾經去慕尼黑參觀過博物館，因而受到古羅馬人的啟示呢？我們恐怕永遠也無法確知，然而要寫一本《莫比烏斯密碼》之類的書，也許有可能編織出充滿懸疑的故事。

第 18 章
一張紙摺出了乾坤

　　有人童年玩過摺紙遊戲嗎？還記得怎麼摺小船、紙球、飛機，以及四指開闔的「東南西北」嗎？不少人終其一生對於摺紙的印象，也就停留在這些童玩上。其實自上世紀後半，摺紙所達到的複雜與精緻程度，摺疊模擬對象的多元化，以及摺紙純粹形式美的創新，無不令人歎為觀止。尤其近十餘年內，諸如航太、醫技、材料、建築、時裝、製造、機器人各領域中，都開始利用摺紙概念產生出人意表的突破。

摺紙的源起

　　摺紙藝術主要興起於日本，最早被神道僧侶運用在祭祀上，但是摺法卻多祕而不宣。目前存世最古老的摺紙專書《秘

傳千羽鶴折形》，遲到 1797 年才刊行。日本傳統摺紙中，紙鶴是最為人熟知的造型。傳說只要摺出一千隻紙鶴，所許的心願就會成真。

其實除了紙鶴外，日本傳統摺紙的花樣並不太多。一直到 1930 年代，吉澤章（英譯名 Akira Yoshizawa）才推動了摺紙藝術劃時代的轉變，他大量創作出嶄新的造型，發明了溼紙摺法，更提高了摺紙的藝術內涵。西方世界從 1960 年代起逐漸注意到他的作品，從而使得國際慣用日語摺紙（折り紙，origami）做為這種藝術的名稱。當今世界上多位摺紙名家都深受吉澤章的影響與啟發。

例如美國的蘭恩（Robert J. Lang）原是加州噴氣推進實驗室的科學家，後來辭職成為專業摺紙家。他創製了一套電腦程式，可以幫忙設計極為複雜的摺紙。他也協助加州勞倫斯柏克萊國家實驗室，利用摺紙概念幫忙解決新一代空間望遠鏡的運送問題。

藍恩有一位徒弟在臺灣，他是臺大數學系畢業的軟體工程師蔡牧村。他自己製作了一套設計特殊摺紙的軟體，叫做「箱形褶」（box pleating）。[1]法國的摺紙名家吉瓦塞爾（Eric Joisel）是專業藝術家，他所摺的爵士樂隊，每個人物都栩栩如生表情豐富。至於屢次在日本電視競賽中榮登寶座的神谷哲史（英譯名 Satoshi Kamiya）生於 1981 年，卻早已是享譽國際的摺紙大師。他歷時兩個月摺成的金龍，其複雜程度簡直不敢

讓人相信是從一張紙所摺出。

摺紙與數學的關係

摺紙這種逐步結合童玩、藝術、數學、科技的發展歷程，真可說是一場驚異奇航。其中尤其令人好奇的是，摺紙最早怎麼會跟好似相差十萬八千里的數學發生關連呢？

想瞭解這段歷史，首先應注意到十九世紀德國大數學家克萊因（Felix Klein）的影響。克萊因在多個數學領域裡都有開創性的貢獻，特別是 1872 年提出對數學發展影響深遠的「埃爾朗根綱領」（Erlangen Program），鼓吹使用對稱群來區分幾何學的各種分支。

此外，克萊因對於中學數學師資的培育也非常重視，1895年他為「促進數學與科學教學協會」寫了《初等幾何的著名問題》一書，針對古希臘三大作圖難題（倍立方、三等分任意角、化圓為方）的不可解性給出了簡明論證。克萊因於第五章〈代數作圖的一般性考慮〉裡，提到在歐幾里得的直尺與圓規作圖法之外，還有一種非常簡單的方法，就是紙張的摺疊。他特別提出數學家維納（Hermann Wiener）已經用紙張摺疊法，製作出一系列正多邊形。

書中更表示馬德拉斯（現名清奈）的印度數學家魯生達（Tandalam Sundara Row）在 1893 年出版一本小冊子《摺紙做

為幾何練習》（*Geometrical Exercises in Paper Folding*，以下簡稱《練習》），除了一些直線構成的幾何形體外，甚至教人用摺疊紙張產生曲線上的點。《練習》很可能是第一本正式把摺紙與數學結合的書籍。

我們對於魯生達的生平所知有限，據 1915 年《印度傳記辭典》記載，他出生於 1853 年，在政府稅務部門工作，因此他有可能是在公餘鑽研數學。除了《練習》一書外，他還出版過一本初等立體幾何的書。《練習》經過畢曼（Wooster Woodruff Beman）與史密斯（David Eugene Smith）的編輯與修訂後在美國出版，之後獲得相當廣泛的流傳。

畢曼與史密斯正是讀過克萊因的書，才知道有《練習》這本風格特殊的著作。他們更讚揚書中提供的「方法是如此新穎，結果又如此容易取得，不可能不喚醒學習熱忱。」1931年商務印書館曾出版過魯生達《練習》的中譯本，書名為《摺紙幾何學》，由陳嶽生譯、段育華校。

《練習》確實是一本破天荒的書，那麼魯生達是從什麼地方得到靈感，才會寫出與普通幾何課本截然不同的書呢？他在序言裡說這本書的理念來自「幼兒園恩物第 8 種——摺紙」，什麼又是「幼兒園恩物」呢？

現代幼兒園的創始人是德國教育家福祿貝爾（Friedrich Froebel），他主張幼兒教育應該在寬容自由的環境裡順應本性、滿足本能，從而喚醒人內在的神性。他因此認為遊戲是幼

兒教育的核心，動手做更是不可取代的重要活動。

由於他的思想基礎建立在宗教信仰之上，他把設計的玩具稱為神的「恩物」（gift）。經過他與後繼者的發展，這些恩物包括簡單幾何形體，以及打洞、縫、繪畫、編織、摺紙、剪貼等手工活動。福祿貝爾恩物編號並不統一，因此在後世版本中摺紙的編號或與魯生達有出入。

魯生達在《練習》中說，幼兒園使用恩物不僅給小朋友提供了有趣的手工遊戲，更訓練心智領悟科學與藝術的能力。另外值得注意的是他接著指出，日後學習科學與藝術時，特別是在平面幾何課堂上，靈活的使用幼兒園恩物，會使得教學變得更富趣味。

他這種觀點偏離了以歐幾里得公理系統教幾何的傳統，他認為從一般教科書的拙劣配圖去理解命題，只迫使學生勉強背誦，不如引導他們摺疊正確的幾何圖形，才會使命題的真確性在腦海裡留下更深刻的印象。他特別舉一個例子，利用產生誤導的圖形，好似能證明出每個三角形都是等腰三角形這個荒謬結論。錯誤發生在圖形中用過某個在三角形內部的點，但是如果以紙張摺出各個線段的話，會清楚顯示該點必須在三角形之外，因此原推論根本不能成立。

魯生達在《練習》中利用紙上的摺痕從正方形摺出正三角形，進而摺出正 5 邊形、正 6 邊形、正 8 邊形、正 9 邊形、正 10 邊形、正 12 邊形、正 15 邊形。此外，摺痕再加推論又導

出好些幾何定理，例如勾股定理（即西方所謂畢氏定理）。

魯生達雖然說：「摺疊紙張比使用直尺圓規更容易執行幾項重要的幾何操作。」但他沒有完全解決三等分任意角的問題，只從摺疊紙張得到非常好的近似值。1970 年代日本摺紙家阿部恒（英譯名 Hisashi Abe）首先使用摺紙解決三等分任意銳角。1984 年法國摺紙家尤斯丁（Jacques Justin）成功三等分任意鈍角。

《練習》也考慮過倍立方問題，不過認為無法用摺疊得到答案。魯生達的結論後來證明是錯誤的，1936 年義大利女數學家貝洛西（Margherita Piazzolla Beloch）用摺紙解出三次方程，也就是說摺紙可解倍立方問題。

摺紙也可以公理化

摺紙的成品雖然包羅萬象，可是摺紙的基本步驟卻都很簡單。這有點像歐幾里得幾何系統，雖然幾何定理千變萬化，但是萬變不離其宗，一切論證都得從少數的基本定義與公理出發。如果我們暫時不管摺紙的藝術目標，只專注於紙張上產生的摺紋，它們無非是一些線段及線段間的交點。我們就可以拿來與歐幾里得幾何的作圖相較量。

歐幾里得的作圖基本上就是三種操作：

1. 已知兩點 A 與 B，可作一直線段連接此兩點；
2. 已知一點 P 及一直線段長度 r，可作一圓以 P 點為圓心，而用 r 當半徑；
3. 當直線段與直線段、直線段與圓、圓與圓之間有交點時，可以作出交點。

有限次反復操作這三種基本作圖方式，就可以作出所有歐幾里得系統裡的圖形。這種作圖法也可說是直尺與圓規的作圖法，不過特別要注意的是，歐幾里得所允許運用的直尺不准具有刻度。

我們也可以利用摺紙作出各種直線以及它們的交點，那麼摺紙作圖的基本規則有哪些呢？ 1992 年日裔義大利人藤田文章（Humiaki Huzita）首先歸納出六條規則，後來日本人羽鳥公士郎（英譯名 Koshiro Hatori）、美國人蘭恩，以及法國人尤斯丁，分別發現還有第七條規則，列出如下：

1. 給定點 p_1 與 p_2，可以摺出通過這兩點的直線。
2. 給定點 p_1 與 p_2，可以把 p_1 摺到與 p_2 重合。
3. 給定直線 l_1 與 l_2，可以把 l_1 摺到與 l_2 重合。
4. 給定點 p 與給定直線 l，可以通過 p 摺出 l 的垂線。
5. 給定點 p_1 與 p_2 及直線 l，可以把 p_1 摺到與 l 重合同時摺線通過 p_2。

6. 給定點 p_1 與 p_2 及直線 l_1 與 l_2，可以同時將 p_1 與 p_2 分別摺到與 l_1 與 l_2 重合。

7. 給定點 p 及直線 l_1 與 l_2，可以沿著 l_2 的垂線，把 p_1 摺到與 l_1 重合。

　　蘭恩進而證明這七條規則已經構成完備系統，也就是說任何摺紙作圖都能反復利用這七條規則逐步作出。然而羽鳥公士郎繼續深入分析，發現在可摺出給定線段的交點這條明顯的先決條件下，其實一切摺紙作圖都可簡化到一條規則：已知兩點 A 與 B 以及兩直線 L 與 M，可以作出摺紋把 A 摺到 L 上，同時把 B 摺到 M 上。當已知點落於直線段上時，則以上操作要求新摺紋或垂直於直線段或通過已知點。

　　目前藤田－羽鳥的摺紙作圖規則也常稱為公理，如果把坐標系統引入幾何作圖，再從代數的眼光來看，在藤田－羽鳥系統裡有能力解三次方程，而直尺與圓規的作圖只能解二次方程。因此之故，摺紙有可能解某些歐幾里得系統裡絕無可能解出的作圖難題。譬如古希臘有名的三大難題之一是三等分任意角，前述阿部恒與尤斯丁的摺紙方法，正展現出摺紙有勝於直尺與圓規之處。

　　摺紙這種簡便的自娛工具，近年來觸發許多有趣的數學與演算法問題，特別值得數學教育者留心它的發展，以便適度的引入教室。從一些中小學教師的實際經驗中，會發現學生中有

不擅長符號計算的人，卻很會使用手的技巧，因此使用摺紙輔
助幾何教學，會使得這類容易被認為數學資質較差的學生得到
肯定，從而不至於放棄對學習數學的信心。

第 19 章
榫卯咬合益智玩具

2008 年有機會去浙江蘭溪諸葛八卦村遊覽，那是一個電視旅遊節目介紹過的特色古村。當地經歷過六百年滄桑，現住三千多名諸葛亮的後裔。全村的核心是形似太極圖的池塘，由此分出八條主要道路，各指向村外一座山丘。村內巷道縱橫如迷宮，很多散布其中的小商店都販賣「孔明鎖」。孔明鎖是一類益智玩具（以下簡稱智玩），最常見的樣貌如圖 19-1 所示，少數店家還賣圖 19-2 的球形孔明鎖。

歷史上的榫卯應用

一般的孔明鎖是先由五根小木桿相互以榫卯咬合，最後把第六根無凹槽的小木桿插入，整體便穩定鎖緊。中國木工使用

圖 19-1　孔明鎖。

圖 19-2　球形孔明鎖。

榫卯結構歷史悠久，浙江餘姚河姆渡第一、二期遺址跨越年代約為西元前 5000 年至西元前 4000 年間，發掘出土的建築構件中有大量榫卯構件，包括：柱頭榫、梁頭榫、燕尾榫、雙凸榫等。中國古代的木建築也普遍使用榫卯構件，現存山西應縣木塔與渾源的懸空寺，都是完全使用榫卯結構的傑作。

除了建築，到了明清時代，精緻美觀的家具也常以榫卯固定。王世襄在《明式家具研究》中說：「憑藉榫卯就可以做到上下左右、粗細斜直，連結合理，面面俱到，工藝精確，扣合嚴密，間不容髮，常使人喜歡讚歎，有天衣無縫之妙。我國古代工匠在榫卯結構上的造詣確實不凡。」[1]

榫卯對應於凸凹，形象上也符合中國的陰陽耦合思維。因此說孔明鎖的發想來自中國木工的經驗，應該是合理的推斷。不過士人不屑這種雕蟲小技，而匠人又只口傳，所以無法從文獻裡確定孔明鎖的起源。

孔明鎖的另一名稱為魯班鎖，應該是種附會的說法，因為魯班是春秋時期的著名巧匠。山東滕州據說是魯班故里，所以還有民謠描述魯班鎖：「不用釘連，不用膠合；我中有你，你中有我。陰陽拼插，卯榫成鎖；嚴絲合縫，豈奈我何。」[2]

「孔明鎖」的蛛絲馬跡

目前所見最早記載孔明鎖的文獻，是 1889 年（清光緒

十五年）唐芸洲的《鵝幻彙編》。唐芸洲雖然生平不可考，但推斷他是特立獨行之士。他還寫了《七劍十三俠》，那是晚清俠義小說的代表作品，風格甚至影響到後來梁羽生、金庸的新武俠小說。《鵝幻彙編》自序中說：「僕素好雜技，於戲法猶屬傾心。幼年時即物色祕訣，遍叩名師。」就是說他從小喜歡各種戲法，到處尋訪老師學習。他在例言裡又說：「日積月累，盡得其傳，駁之又駁，精益求精，荏苒久之，共成三百餘套，戲術一道，固盡之矣。」學習得夠久之後，去蕪存菁留下值得記錄的三百多套。

唐芸洲以一介書生不恥向江湖賣藝者請教學習，又能剖析解法附加圖解，在保存民族藝術上功勞可說不小。其實魔術除了要手法精熟之外，道具的設計常需應用科學原理，今日看來可做為科學教育的幫手。唐芸洲後來還出版過《鵝幻續編》與《鵝幻餘編》，可惜《鵝幻》系列三部著作現在都不是很容易見到了。

《鵝幻彙編》書名中的「鵝幻」是什麼意思呢？這個典故出自南梁文人吳均所寫志怪小說《續齊諧記》，其中有一段關於陽羨許彥的故事，開頭是這麼說的：

陽羨許彥，于綏安山行，遇一書生，年十七八，臥路側，云腳痛，求寄鵝籠中。彥以為戲言。書生便入籠，籠亦不更廣，書生亦不更小，宛然與雙鵝並坐，鵝亦不

驚。彥負籠而去，都不覺重。

　　十七、八歲的書生居然能坐進裝鵝的籠子中，許彥擔起籠子也不覺重。唐芸洲取「鵝幻」代表變戲法的意思。

　　孔明鎖在《鵝幻彙編》中的名稱是「六子連芳」，如圖19-3 所示小木桿分別命名為：禮、樂、射、禦、書、數。[3]唐芸洲說：「乃益智之具，若七巧板、九連環然也。其源出於戲術家，今則市肆出售且作孩稚戲具矣。」不過這個六子連芳的桿件與一般市售孔明鎖並不全同，只是組合起來外貌一致。球形孔明鎖則出現在《鵝幻續編》中，名為「桂花球子」。唐芸洲說「此則六塊皆筍，鉾之吻合。面面相同，混然無跡，欲拆而無從下手。雖公輸復生，亦當斂手而謝。」公輸就是指魯

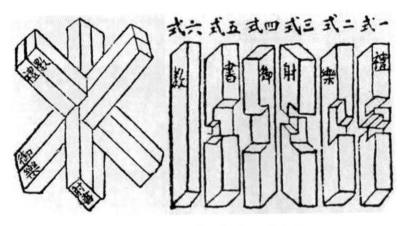

圖 19-3　《鵝幻彙編》中六子連芳。

班，可見「桂花球子」的難度比「六子連芳」更高。

六子連芳（後來也稱六子連方）在西方文獻裡出現的時間，比《鵝幻彙編》早了近兩百年。1698年法王路易十四御用鏤刻版畫家勒克萊客（Sébastien Leclerc），在描繪科學與藝術殿堂的作品裡，於右邊下緣畫入了六子連芳的圖像。（圖19-4）六子連芳在西方的名稱之一是「中國十字架」，想來應該是從中國流傳過去，只是文獻裡已難查到明確證據而已。

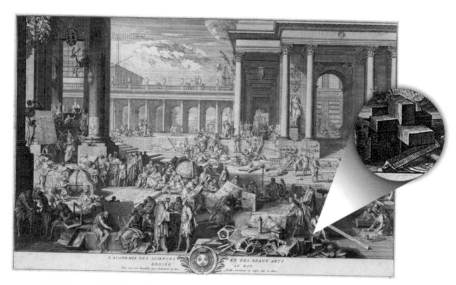

圖 19-4　科學與美術學院圖中右下角出現六子連芳。

益智玩具千變萬化

從基本的六子連芳出發，可以移動榫卯的位置，可以增加木桿個數，可以變化結果樣式，使得榫卯咬合玩具的種類數量驚人。1928 年懷亞特（Edwin Wyatt）在《木製益智玩具》（*Puzzles in Wood*）書中將其統稱為「芒刺」（burr），揣測是取形似之意。此類益智玩具在日本稱為「組木」，十九世紀曾大量外銷歐洲。操作組木可以讓學生直接體會空間的幾何性質，在拆解與還原過程中又需活用邏輯思維，應該有益於數學的學習。

1997 年臺灣幾何造形藝術家吳寬瀛、高雄女中數學教師林義強、高雄郵局黃清茂三位高雄人，由於童玩節的因緣在宜蘭結識，開始了臺灣玩組木同好的聯誼。2015 年林義強老師聯手魔術方塊高手臺灣師範大學數學系郭君逸教授，倡議成立稱為 TPC（Taiwan Puzzle Community）的益智玩具社團，每年暑期舉辦交流活動，應邀參加者都會拿出絕活或收藏品與社員分享。

2016 年林義強老師配合「超越無限‧數學印象」巡迴展覽期間，在臺北市立第一女中舉辦工作坊，他的講義〈多方塊積木、組木活動與 Burr Tools 軟體〉[4] 除了解說幾類由多方塊堆疊或接合的益智玩具之外，還介紹了一種名為 Burr Tools 的

免費軟體。[5]針對多類由規則幾何形體組裝成的益智玩具，這款軟體可以有效率的計算出解法，顯示出各種組裝與拆解的路徑，並且用圖形介面展現所求得的解。

組木其實又是所謂「機械性益智玩具」（mechanical puzzle）中的一類。有兩位收藏機械性益智玩具的名家值得推介，一位是美國人斯洛康（Jerry Slocum），退休前是休斯飛機公司的工程師。他的收藏品超過四萬件，還有四千餘冊相關書籍。2006年他把大部分收藏品捐給印第安那大學，圖書館因而設立一間特藏室展示。[6]另外一位是英國人戴爾蓋提（James Dalgety），他曾經是製造與銷售機械性益智玩具的廠商。因為缺乏合適場地，他的龐大收藏無法公開展示，但是他建立的虛擬益智玩具博物館，[7]充滿了有趣的訊息與圖片。機械性益智玩具的種類如此繁多，必須恰當分類才有利於辨識與查詢。

斯泰格曼（Rob Stegmann）的「羅布的益智玩具專頁」是一個有名的虛擬博物館，他為斯洛康、戴爾蓋提，以及其他分類系統編制了對照專頁，[8]相當方便愛好者使用。在日本則有石野惠一郎（英譯名 Ishino Keiichiro）的網站，[9]他自己編寫程式解出網站裡幾乎所有的益智玩具。他對網站訪客的忠告是：「解答如毒品，奉勸迴避。」

其實榫卯的陰陽凸凹結構，也可以成為藝術思考的源頭。中國有不曾接受藝術科班訓練出身的秦筱春，把六子連芳的結構複雜化到十餘子的情形，並且發展出這種民族傳統構形的藝

術性。另外，雕塑家傅中望把榫卯結構更自由的運用在雕塑與裝置藝術上，他曾說：「我創作榫卯結構雕塑，並非一時的靈感或偶然間的發現，而是在一種創造意志的驅動下，對傳統文化形態中人們不太注意的東西來了一番剖析，使這種深層結構現象，通過藝術的形式展現出來。借此溝通傳統文化與現代藝術間的聯繫，尋求具有東方審美特質和結構造法則的雕塑語言。」[10]

　　榫卯咬合是構件間聯鎖的一種型態，如果放寬構件幾何形式的限制，便可更開闊的發揮藝術想像的空間。西班牙雕塑家貝羅卡（Miguel Ortiz Berrocal）的作品就能夠加以拆解與拼裝，大型的可在庭園裡展示，小型的可做為首飾。貝羅卡博物館首頁中，[11] 有一張人體軀幹及其拆解出的構件的照片。貝羅卡能把益智玩具轉化為前衛的現代藝術品，真是令人驚豔。

第 20 章
數學模型將風華再現

　　說來已經是超過半世紀前的事，為了讓新生體會大學數學與高中數學的巨大差異，臺灣大學數學系特別開了一門課叫「數學導論」，選講數學各部門簡練又精采的題材，幫助懵懂的我們打開眼界。記得老師推薦的參考書之一，是希爾伯特與孔佛森（Stephan Cohn-Vossen）合著的《幾何與想像》（*Geometry and the Imagination*，德文原版 *Anschauliche Geometrie* 在 1932 年出版）。

　　我們當時只能購買盜版書，紙張與印刷品質都相當不夠水準，但是插圖依然令人印象深刻，尤其是一些曲面的立體模型，幾乎可算是漂亮的雕塑品。我當時好奇是誰製作如此美麗的數學模型呢？

由興盛走向式微

　　「數學模型」（mathematical model）這個名詞的內涵其實經歷了曲折演化。《維基百科》的「數學模型」詞條解釋說：「數學模型是使用數學來將一個系統簡化後予以描述。······科學家和工程師用模型來解釋一個系統，研究不同組成部分的影響，以及對行為做出預測。」「模型」在這種解釋下，已經不是實體物件，而是抽象的數學體系。從名詞的用法便能察覺，實體數學模型在二十世紀曾經失寵。

　　十九世紀上半，受到射影幾何學復興的鼓舞，代數幾何學與微分幾何學都有長足的進步，數學家尋求各種新型曲面的興趣變得十分濃厚。起初他們通過坐標方法用方程來描述這些幾何形體，但是他們逐漸意識到如果能具體製造出這些曲面，就更能幫助人從各個方面觀察與揣摩其性質。

　　1873 年柏林普魯士皇家科學院的月報裡，報導了數學家庫默爾（Ernst Kummer）率先手製了一個羅馬曲面（Roman surface）的石膏模型，自此便掀起一股製造數學模型的風氣，而著名數學家克萊因便是重要的推手。

　　1875 年克萊因至慕尼黑高等技術學院任教，在那裡遇到同樣愛好數學模型的馮·布里爾（Alexander von Brill），二人建立了設計、製造，以及在教學上使用數學模型的實驗室。他們帶出來不少優秀的學生，以分析及製造數學模型做為學位論

文。馮‧布里爾企圖把數學模型的製造商業化，就請承繼家族印刷事業的兄長從事生產，到 1890 年已經可以販賣 16 個系列的產品。

　　十九世紀製作數學模型的方式主要有兩種：穿線法與石膏法。穿線法是先用金屬製作曲面的框架，沿著框架鑽出等距離的許多小孔，然後將絲線或金屬線從小孔中穿過繃緊，當線條足夠稠密時便顯現出曲面的形狀。例如圖 20-1 是單葉雙曲面（one-sheet hyperboloid）的穿線模型：

圖 20-1　單葉雙曲面。

　　這種模型特別適合表現所謂的直紋曲面（ruled surface），也就是由一條直線通過連續運動所構成的曲面，像柱面、錐面、莫比烏斯環帶等都屬於此類曲面。

　　石膏法就如製作塑像，成品的表面便是想表現的曲面。例如著名的克來布希（Alfred Clebsch）曲面，它是由四維複射影空間裡的三次多項式所定義，這類曲面上都恰好包含 27 條直線。克來布希在 1871 年找到的這個特殊曲面，它的 27 條直線都可用實數來表示。

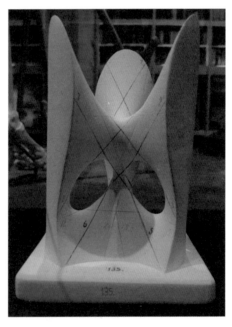

圖 20-2　克來布希曲面。

　　數學模型的製作並不簡單，因為有些曲面會向無窮遠伸展，如何取捨該表現的部分就得講究。最重要的是必須讓成品精確符合數學方程，自然會推高製作成本與售價。1899 年馮‧布里爾的事業轉賣給來比錫的數學家兼廠商席林（Martin Schilling），在 1911 年的產品目錄裡，已經列出 40 個系列近 400 種模型，有些要賣到約合今日 300 多美元一件。

　　根據希爾伯特在《幾何與想像》序言裡所說，插圖裡的模型屬於哥庭根大學的收藏品。今日我們能從該校的「數學模型與儀器」網站看到大量的圖片，[1] 很多都是席林的產品。

　　不幸的是經過一戰的蹂躪，製造數學模型的動力逐漸下降，席林的事業勉強苟延到 1932 年。此時國際上數學主流漸趨高度抽象，例如引領風騷的法國布爾巴基學派，在數學書中完全摒棄使用圖示，自然也就把模型棄如敝屣。

興微繼絕的推動力量

　　英國牛津大學數學所也收藏了不少百歲以上的數學模型，他們請暑期工讀生來整理收藏品，並且在教授指導下建立專屬網站。[2] 該網站提供基本的背景知識，並且在展示靜態照片之外，使用影片讓人觀賞一些模型的各個面向，其中包括克來布希曲面。[3] 牛津網站中有一頁羅列了世界上收藏數學模型的機構，以及他們的網路連結，十分方便讀者瀏覽。[4]

在牛津的列表中，亞洲只有東京大學一處，收藏了1910年代中川銓吉（英譯名 Senkichi Nakagawa）引入席林製造的數學模型。1990年代由一批留學生合力整修長時間疏於照料的模型，終於又恢復舊觀，於1997年120週年校慶時公開展覽。國際上知名度極高的日本攝影家杉本博司（英譯名 Hiroshi Sugimoto）曾經為東大的數學模型攝影，並在巴黎卡地亞當代藝術館與東京森美術館展覽。東大還與山田精機公司合作以鋁金屬製造數學模型，其中也包括克來布希曲面。[5]

其他值得觀看的大學收藏，有美國伊利諾大學的阿特蓋爾特（Altgeld）數學模型藏品，從網頁上可看到170個模型的圖片，還有不少當年購入模型時的目錄與說明。[6]另外美國哈佛大學數學系的78個模型圖片。[7]烏克蘭的卡拉津（Karazin）大學收藏了240個各類數學模型，包括大量席林的產品，他們的網站內容相當豐富。[8]

近年來對於數學模型的喜愛有回溫的現象，一個重要的原因是製作模型的工具產生革命性的進步。半世紀以來電腦飛快的發展，在晶片上能快速跑計算程式，在螢幕上也能顯示精緻細膩的幾何圖形。除了這類硬體的改善，在軟體方面也產生各種功能強大的數學工具，使得今日在筆電上展示形形色色的曲面，已經是門檻不算太高的技術。

電腦螢幕是以二維影像表現三維曲面，雖然不少軟體可以轉動圖形，讓人想像曲面在空間裡的真實樣貌，但是總不如有

具體的模型更令人印象深刻。所幸現在 3D 列印工具價格逐漸親民，而且一些免費數學軟體像 GeoGebra 與 SURFER 等，都可以直接轉檔送去 3D 列印。

另外一種推動數學模型風華再現的力量，來自用藝術角度觀賞數學模型的美，這方面法國巴黎的龐加萊研究所發揮了推動的力量。該研究所在 1928 年成立時，就從巴黎大學移轉過去一批書籍與大約 600 多個數學模型，其中多數是席林的製品，但也有少數出自高等師範學院幾何學教授卡榮（Joseph Caron）之手的木質模型。

1930 年代超現實藝術家恩斯特（Max Ernst）對龐加萊研究所的數學模型產生高度的興趣，他建議超現實主義的攝影家與畫家曼・瑞（Man Ray）去拍成照片。曼・瑞花了好幾天，從數百模型中拍攝了 34 幅。其中若干幅在藝術評論家澤爾沃斯（Christian Zervos）討論數學與抽象藝術的文章中採用過。1938 年巴黎的國際超現實主義展覽以及美國紐約現代美術館，都曾經作過展示。

因為二戰的爆發，曼・瑞留下攝影作品離開巴黎，最終落腳於美國好萊塢。1948 年他重新掌握數學模型的相片，開始以此為依據畫成了 23 幅命名為「人體方程」的油畫，用來揭示這些模型的人文意義。同年這些油畫在比佛利山莊的畫廊展覽時，他甚至拿莎士比亞的戲劇來命名每幅畫，而將整套畫作改稱為「莎士比亞方程」。

　　美國首都華盛頓以收藏現代美術作品知名的菲力浦美術館（The Phillips Collection），曾在 2015 年替曼・瑞做了一次回顧展。同一期間，在曼・瑞回顧展隔壁展室，也有杉本博司作品的特展，命名為「概念形式與數學模型」。[9]

　　另外，雕塑大師摩爾（Henry Moore）在觀賞過倫敦科學博物館的穿線數學模型後，從 1937 年開始創作了不少融合穿線在內的雕塑品。2012 年劍橋的牛頓數學科學研究所舉行了一次《交會：摩爾與穿線曲面》的展覽，反映了數學模型又走進藝術界的視野，我們預期數學模型新一波的風華再現正在成形。[10]

第 21 章
王浩花磚鋪出美妙天地

　　我在擔任中研院數學所所長期間，偶爾會接到院長交下應回覆的函件。投書者常宣稱解決了某個數學難題，其中最受青睞的莫過於「三等分任意角」。其實此一古希臘幾何難題早在十九世紀便已徹底解決，而答案是「不可解」。更精確的來講，是在只准使用無刻度直尺及圓規的歐幾里得作圖法限制下，不可能把任意給定的角予以三等分。

　　值得注意的是這個結論並沒有排除三等分某些特別角的機會，例如在歐幾里得的限制下可以三等分 90 度的直角。一般人不容易理解的是問題之有解或無解，必須在恰當而明確的範圍裡討論。一些素人數學愛好者無法把「不可解」當作答案，堅持從事在專業數學家眼中徒勞無功的傻事。

可解與不可解

　　古希臘人探討的是圖形的純粹幾何性質，所以直尺的功用在連線物件而不在度量長度，因此不允許賦予刻度。這種問題本身與解決問題的工具之間，或明示或不言而喻的連動關係，在其他有名的難題裡也存在。如今已是電腦成為主導工具的時代，問題的可解與不可解，就經常與電腦的能力極限相關。

　　世界上電腦品牌那麼繁多，又如何分析它們的能力極限呢？英國天才數學家涂林在 1936 年提出一種機器計算的理論，這種人稱涂林機的模式，首次打破硬體、軟體、數據資料之間的界線。針對問題是否可解，涂林機給出了最終的極限。

　　到目前為止，一切認為是機械性計算可解的問題，經過適當編碼後都可由涂林機解決。因此，如果連涂林機都無法解決的問題，就會歸屬於不可解的問題。但如此能力驚人的涂林機模式，卻也有它無論如何辦不到的事。

　　當涂林機在輸入資料之後啟動計算，有可能會算個不停，永遠無法給出確切的結果。涂林率先證明事關緊要的停機問題其實是不可解的，也就是說不存在涂林機 M，使得針對任意涂林機 N 以及輸入資料 d 而言，M 能在有限時間內判定 N 在 d 上的計算是否會停止。

　　停機問題的不可解性成為一個核心原型，後續各類證明不可解性的途徑，經常是把問題轉化到停機問題。

　　除了純粹數學會碰到不可解的問題，現在連物理的量子理論也遭遇到不可解的狀況。2015 年庫畢特、裴瑞斯－佳西亞、沃爾福（Cubitt, Pérez-García, Wolf）三位數學物理學家經由停機問題，證明了譜隙（spectral gap）問題的不可解。只不過他們的轉化過程裡須用到一項重要的仲介步驟，就是所謂的王浩花磚（Wang tiles）模式。

與「涂林機」的對應

　　王浩花磚也稱為王浩骨牌（Wang domino），是旅美華人學者王浩於 1960 年發明的一種遊戲，這種遊戲的基本元件是一組底線水平而各邊線著色的正方形磚片。就像圖 21-1 左側的正方形，各邊以紅、藍、綠著色。同樣的花磚也可用其他形式來代表，例如圖 21-1 中間是用數字取代顏色，當顏色數量大時，使用數字會比較方便。圖 21-1 右側是另外一種標記法，用對角線劃分正方形為四個三角形，再把每個三角形塗上顏色。當眾多花磚拼接起來時，這種標記法會產生美麗的圖案。

圖 21-1　王浩花磚的不同表示法。

　　一組王浩花磚的樣式有限，但是每種樣式的磚片卻可無限量供應。王浩的遊戲是要把各色花磚以邊與邊密貼的方式拼接起來，要求相臨的邊線必須同色，而且花磚不可以旋轉或取其對稱鏡像。例如圖 21-2 左半的三塊花磚，從左到右依序可以合規定連成一條。不僅如此，它們還能拼接出右半的 3 × 3 九宮格。請注意，九宮格的頂邊與底邊的顏色相同，左邊與右邊的顏色也相同。因此之故，我們可以複製這塊九宮格，上下左右不斷拼接出去，最終得以鋪滿整個平面。

　　這種從一個區域反復接續到鋪滿平面的方式，屬於經過平行移動仍然能夠保持原樣的平鋪方式，統稱為週期平鋪（periodic tiling）。如果一組王浩花磚能鋪滿平面，卻不屬於週期平鋪，就叫做無週期平鋪（aperiodic tiling）。所謂「鋪磚問題」（tiling problem）就是任給一組王浩花磚，判定是否能鋪滿整個平面的問題。

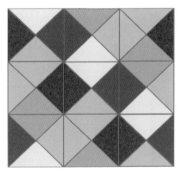

圖 21-2　一組可週期平鋪的王浩花磚。

　　鋪磚遊戲最令人感覺驚訝的是，居然會跟涂林機的運作密切相關。定義一部涂林機的要件包括以下數項：

1. 一條無窮長且劃分成方格的紙帶；
2. 一個讀寫器；
3. 一組有限個可寫入方格的符號，其中有一個特殊符號表示「空格」；
4. 一組有限個機器狀態符號，其中有一個特殊符號表示「開始」。

　　涂林機的運作是根據給定的程式表，執行以下的任務：在每一時刻當下，讀寫器的位置、紙帶上的符號與機器的狀態形成所謂的構型（configuration），構型共同決定了下一個時刻讀寫器該靜止或向左或向右移動一格，要不要改寫符號，以及進入哪個狀態。王浩花磚的顏色其實可以用來代表涂林機的紙帶符號與狀態符號，而拼接起來一長條王浩花磚可用來對應到涂林機的構型。

　　因此每當給定一個涂林機，因為紙帶符號與機器狀態均為有限，便有辦法恰當的設計對應的王浩花磚。最重要的性質是這部涂林機在有限運算步驟後停機，若且唯若那組對應的王浩花磚無法鋪滿整個平面。因此「鋪磚問題」是否有解就轉化到「停機問題」是否有解，既然涂林已經證明「停機問題」不可

解，那麼「鋪磚問題」也就不可解了（就是說沒有電腦的通解）。

將「花磚」推到極限

王浩最初研究鋪磚問題時，以為只要一組花磚有可能鋪滿平面，那麼所有的鋪法就都是週期平鋪。1964 年他的博士生伯格（Robert Berger）出人意表的找到一組只能拼貼出無週期平鋪的花磚。雖然他在博士論文中說此組花磚僅包含 104 種樣式，但是在正式發表的完整論文中，公布的還是最早發現的20,426 種樣式。一旦有了伯格的突破，如何降低花磚樣式數，以及使用顏色數，便引起數學家的高度興趣。

1967 年在加州大學任教的羅賓遜得到 52 片只能拼無週期平鋪的王浩花磚。再經過若干人改進之後，1978 年一位隱居的業餘數學愛好者安曼（Robert Ammann）找到 16 片只能拼無週期平鋪的王浩花磚。此一紀錄保持到 1996 年，芬蘭籍的數學與電腦科學家卡利（Jarkko J. Kari）把花磚數降到 14，顏色數降到 6。卡利依循與前人相當不同的思路，藉由自動機理論製作王浩花磚。他的方法在證明花磚只能做無週期平鋪時，也比以前簡單許多。

捷克籍的電腦科學家祖立克（Karel Culik II）很快改良了卡利的方法，得到只能拼無週期平鋪的 13 片王浩花磚，而使

用的顏色降到 5 種。這種向下探索的工作，在 2015 年由金戴
爾（Emmanuel Jeandel）與饒（Michael Rao）推進到極致，他們
利用電腦的徹底搜尋，找到圖 21-3 中 11 片只有無週期平鋪的
王浩花磚，使用的顏色數是 4。

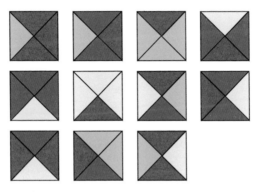

圖 21-3　一組只有無週期平鋪的王浩花磚。

　　他們同時證明了任何一組王浩花磚，如果樣式數少於
11，或者顏色數少於 4，就不可能製造出無週期平鋪。

　　有關鋪磚問題的研究固然是王浩的重要學術成就，而我個
人認為他從數學最終走入哲學，是至今唯一在西方哲學上真正
登堂入室有所貢獻的華人學者。

　　據王浩自己的回憶，他在電腦公司擔任顧問時，發覺一般
工程師學習數理邏輯會有困難，因而想出一套骨牌遊戲，讓他
們把邏輯命題的推演轉化為遊戲的步驟。沒想到以他為名的鋪

磚遊戲，衍生出另外一片天地。

　　無週期平鋪的例子二十年後甚至啟發了準晶體的研究，以色列籍謝赫特曼（Dan Shechtman）正是因為在快速冷卻的鋁錳合金中發現準晶體，獲得 2011 年諾貝爾化學獎。

第 22 章
均質不倒翁岡布茨

　　2010 年上海世界博覽會匈牙利展館的主視覺焦點是一個直徑 2.5 米的不銹鋼岡布茨（Gömböc），另外還擺放了 10 個小型的岡布茨，讓參觀的大人或小孩都有機會動手把玩這個特殊的幾何立體。在世博會結束後，巨型的岡布茨捐贈給上海世博會博物館，小型的則捐贈給匈牙利的一些學校。

　　岡布茨吸引人的程度遠遠超過原來估計的 120 萬參觀人數，最終高達 600 萬民眾看過了匈牙利館。2016 年舟山市定海鹽倉把上海世博會的匈牙利館移植過去，岡布茨也長期借出展覽，再次成為鎮館之寶。

　　岡布茨是一種極為特殊的立體，它僅有一個穩定的平衡點，不管怎麼推來倒去，最後都自動滾回原來位置。這有點像小朋友玩的不倒翁，但是岡布茨是一塊密度均勻的物體，而不

倒翁通常卻是把底部加了重量，所以才能在推倒後搖回原來立
姿。

匈牙利政府選擇岡布茨做為國家展覽館的主題，是因為它
象徵了對和諧與平衡的終極追求，也代表匈牙利總是能從挫
折中重新站立起來。岡布茨的發現確實是一件相當出乎意料
的事情，事實上在 2006 年之前，全世界並不知道有沒有岡布
茨之類的東西。這一切要從它的主要發現者多莫科什（Gabor
Domokos）說起。

束之高閣的猜想

多莫科什原本是學工程的，但是他對數學特別鍾愛。1980
年代末期他得到富爾布萊特獎學金的資助，去美國康奈爾大學
機械工程系訪問。該系的魯伊納（Andy Ruina）是一位重視數
學的教授，與多莫科什相當投緣。在他們日常的交談中，魯伊
納不時提到一位朋友帕帕多普洛斯（Jim Papadopoulos）。這位
朋友不在學術界工作，但私下卻很喜歡探討數學問題。他有一
個相當有趣的猜想，可惜沒有時間專心鑽研，很歡迎多莫科什
在訪問期間來研究。這個猜想的內容如下：

在一塊夠厚的夾板上畫一條封閉的凸曲線，也就是說曲
線沒有向內凹的段落。然後用線鋸沿著曲線切出那塊凸

形的夾板，在平面上把凸形豎立起來。沿著凸形的邊緣，有的地方能使它站穩，有的地方就不行。例如正方形可以穩定的站在四個邊上，但是如果想站在某個頂點處，就必須使得通過那個頂點的對角線與平面垂直，而且一絲絲輕微的動盪便會使正方形摔倒。

因此取得平衡的地方可分成兩類，一類是穩定平衡，另一類是不穩定平衡。又例如當橢圓形的長軸水平時，它就達到穩定平衡；如果短軸水平時，它就達到不穩定平衡。圓是一個特例，每個方向都可以達到平衡，並且無所謂穩定或不穩定。

帕帕多普洛斯猜測在排除圓之後，不論用什麼樣的封閉凸曲線切出夾板，都至少能夠找到兩個位置，會使得夾板達到穩定平衡。例如正方形會有 4 個，而橢圓有 2 個，如果是正 n 邊形便會有 n 個。

這個猜想裡的夾板必須是密度均勻的，否則利用玩具不倒翁的原理，便會產生不符合旨趣的反例。其實整個猜想可以理想化為二維空間封閉凸區域的平衡性質，此處凸區域可以更明確的界定，就是在區域裡任取兩點，連接它們的直線段必然整個落在該區域裡。多莫科什與魯伊納、帕帕多普洛斯等人經過多日討論，終於證明這個猜想，也發表了一篇並沒有激起什麼波瀾的論文。

　　既然二維的問題解決了，他們接著考慮三維的情形。可是不多久多莫科什找到一個反例，拿一根長的圓柱，把一端斜切掉一塊，產生一個橢圓切口，再在另一端相反方向也切出同樣大小的切口。圖 22-1 中這個兩頭有斜切口的柱狀體只能沿最長邊平躺著，再無其他可穩定平衡的位置了。既然帕帕多普洛斯的猜想無法推廣至三維空間凸體，多莫科什也就不再思考這類問題了，直到他在 1995 年參加國際工業與應用數學大會遇到了大數學家阿諾德（Vladimir Igorevich Arnold）。

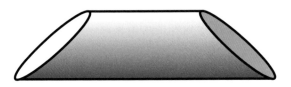

圖 22-1　只有一個穩定平衡位置的立體。

際遇不可求

　　那場國際盛會有兩千多人與會，很多演講同時間平行進行，只有阿諾德那場大會演講不跟任何人衝堂。阿諾德在數學世界裡功業彪炳，19 歲就解決了希爾伯特第十三問題，多莫科什是懷著景仰的心去聆聽大師現身說法。阿諾德涉及的題材非常廣泛，沒有幾個人能聽得懂大部分內容，多莫科什也不

例外。然而吸引他的是幾乎每個主題到最後都與 4 這個數字相關，阿諾德說這些現象都是十九世紀大數學家雅可比（Carl Jacobi）某個定理的特例。

多莫科什頓時想起先前證明的帕帕多普洛斯猜想，從他們的證明裡可以推出有兩個穩定平衡位置，也會有兩個不穩定平衡位置，平衡位置數剛好也是 4。他很想在演講結束後向阿諾德請教，這只是碰巧的呢？還說也是雅可比定理的結果？但是當阿諾德下了講臺，就有一堆人湧上前去，包圍著他問問題。

多莫科什忖度自己根本沒機會接近大師，正轉身準備離開時，突然望見一張海報，原來主辦單位正在發售與大師共進午餐的餐券。對於從匈牙利來德國漢堡開會的多莫科什而言，一張餐券也是一筆負擔。他決定把一天吃兩個熱狗減到只吃一個，擠出的錢去買餐券，以便能當面與大師交流。

結果與大師共進午餐幾乎成為一場災難，有 10 位年輕數學家在餐桌上搶著向大師報告自己的成果並尋求指導，不僅使大師根本無法進餐，大家七嘴八舌搞得難以從事有意義的交流，多莫科什乾脆坐在一邊安靜聽其他人喧譁。

到了快要結束的時候，阿諾德居然轉頭來問多莫科什：「你的論文有什麼結果？」多莫科什已經失去請教的興致，向大師表示自己純粹是來聽講的。與大師聚餐之後，研討會還持續進行，多莫科什也接著聽了非常多聽不懂的報告，並且每天就只能靠一個熱狗果腹。

　　幾天後大會終於圓滿閉幕，多莫科什拖著行李箱離開會場準備前往機場。當他走過已經關門的餐廳前，剛巧碰到阿諾德跟一位亞裔年輕人說：「你論文裡的結果我在 1980 年就發表過，你去查查看，我們不必再討論了。更何況我跟那位拉著行李的先生有約在先，再見吧！」多莫科什以為阿諾德只是利用他擺脫那位年輕人，沒想到大師還真記得他曾在聚餐時出現卻沒有問題。阿諾德說：「你既然會買餐券，一定有什麼問題要問我。現在趕快問吧，不然我要去趕火車了。」

　　多莫科什趕緊把自己的思緒整理一下，向阿諾德報告 4 個平衡位置的結果。阿諾德眼睛平視一語不發，過了五分鐘後，多莫科什問大師要不要聽證明是怎麼做到的，阿諾德有點不耐煩的說當然知道他們會怎麼證明，其實他正在想這個結果會不會也是雅可比定理的推論。然後阿諾德進入極度專注的沉思中，過了好一陣連多莫科什都有點擔心他快來不及趕火車了。

　　大師總算回過神來，他說多莫科什的結果並未包容在雅可比定理之下，應該會有一個更上層的定理，把它們兩個都涵蓋住。「如果你能告訴我更多你們結果的三維對應狀況，我也許能多給你一些建議。」多莫科什舉出兩頭有斜切口的柱狀體僅有一個穩定平衡位置，但是大師說：「你的結論重點不在於有兩個穩定平衡位置，而應該是 4 個平衡位置。」

　　多莫科什認真一想，對啊！兩端是兩個不穩定平衡位置，而沿穩定平衡的長邊轉 180 度的那個短邊，是一種在三維才會

出現的特殊平衡位置。這類平衡位置稱為馬鞍型的平衡，就是在特定方向輕微搖晃不會讓它失去平衡，而在其他方向一碰就失去平衡。所以這個原以為是「反例」的立體也有 4 個平衡位置。不過阿諾德對多莫科什說：「反例還是有可能的。當你找到少於 4 個平衡位置的三維立體時，請寫信告訴我。我得趕火車了，祝你好運，年輕人！」

人生有些際遇會在不曾預期的地方產生，然後就根本上改變了一個人的命運。多莫科什被大師提醒少於 4 個平衡位置的立體很有可能存在之後，追尋這種立體成為他生活的重心。如果這種立體真的存在的話，難道在大自然裡會找不到它的蹤跡嗎？有一次他跟妻子去希臘羅德島度假，當他們漫步在海邊的卵石灘時，想起一個主意，何不拾取大量卵石來做檢驗，看看有沒有哪塊平衡位置少於 4。他的夫人比他還有耐性，居然撿來兩千多塊石頭，遺憾的是沒有一塊符合他們的期望。

三維凸立體可以按照穩定與不穩定平衡位置的數量分類，如果它有 i 個穩定平衡位置以及 j 個不穩定平衡位置，就歸為 (i, j) 類。海灘撿來的卵石幾乎都屬於 $(2, 2)$ 類，兩頭有斜切口的柱狀體屬於 $(1, 2)$ 類，正四面體就屬於 $(2, 2)$ 類。在分類中不需要關心馬鞍型平衡位置的數目，因為根據拓撲學裡有名的龐加萊－霍普夫（Poincaré-Hopf）定理，劃分到 (i, j) 類的凸立體，一定剛好有 $i + j - 2$ 個馬鞍型平衡點。多莫科什想判斷對錯的阿諾德猜想其實就是主張：「$(1, 1)$ 類是非空集合。」

　　屬於 (1, 1) 類的立體稱為單一單靜態體（mono-monostatic body），一旦存有單一單靜態體，其他類的立體就很好造出來了。這跟一則涉及哥倫布的故事有關係：據說有位西班牙鄉紳宴請哥倫布，席間哥倫布請那位先生把蛋立起來，那位仁兄怎麼也無法達成任務。最後哥倫布把蛋拿過來，在一頭輕輕敲平一點，便把蛋立起來了。這個故事表示只要小小的增加接觸面，平衡位置的數目自然增加。

　　這個所謂的「哥倫布演算法」卻不是可逆的，也就是說不是把接觸面縮成點，平衡位置數目就會減少。因此尋找可能屬於 (1, 1) 類的立體絕非從熟知的立體稍加修改便可達標。反過來如果找到一個 (1, 1) 類的立體，那麼只要反復做局部細微的修改，就可以得到任何 (i, j) 類的立體。因為是局部的細微修正，所以那些立體都跟原來開始的立體看起來蠻相像的。這也說明在自然界那麼難找到單一單靜態體的卵石，因為一點輕微風化打磨它就增多了平衡位置。

　　從直覺上來說，單一單靜態體不能太「平坦」像塊光碟，否則就會有兩個穩定平衡位置。它也不能太「窄瘦」像鉛筆，否則就會有兩個不穩定平衡位置。多莫科什經過十年的努力研究，並且在他的學生瓦爾科尼（Péter Várkonyi）的合作下，為「平坦」與「窄瘦」給出精確的數學定義，並且證明 (1, 1) 類裡的凸立體恰好是「平坦」與「窄瘦」的數值都是 1 的那些凸立體。這表示它們既不太「平坦」也不太「窄瘦」，所以它們

看起來有些接近球體。岡布茨的匈牙利原名 Gömböc，意思就是一種俚語裡的球型香腸。幾經數值計算的嘗試與調整之後，多莫科什與瓦爾科尼最終在 2006 年找到了單一單靜態體，從而證實了阿諾德猜想是對的。

也許因為多莫科什是學工程出身的，他並不滿足於只證明岡布茨的存在性，他想真正造出一個具體的岡布茨。其實滿足岡布茨條件的並不是單一的立體，而是有很多類似的立體。他估算了一下，如果製造一個最寬處是 1 米的平滑岡布茨，則它與球體的差異在百分之一釐米之內。即使能找到工廠生產這麼精準的岡布茨，肉眼看起來也幾乎跟球體一樣。後來他們放棄了平滑性的要求，終於造出帶有棱線的岡布茨，並且與球體明顯相異。即使如此，製造精度的要求還是非常高，誤差不能超過一根頭髮的十分之一。

圖 22-2　岡布茨模型之一。

2007 年多莫科什與瓦爾科尼在莫斯科將編號 001 的岡布茨獻給阿諾德，做為 70 華誕壽禮，具體回報了當年在漢堡離別時大師對一位年輕數學家的期許。[1]

04

教育篇

第 23 章

中國傳統數學有無證明須看如何理解證明

　　郭書春先生是當今世界上研究中國古代數學經典《九章算術》最有成就的學者，他與法國林力娜（Karine Chemla）於2004 年出版了《九章算術》及其劉徽注的法文全譯本，是一項中西數學史交流的重大成就。

　　郭先生在〈應冷靜客觀地看待祖先的成就〉文中曾簡練的說：「學術界還有一種普遍的然而卻是十分錯誤的看法，就是中國古代數學只有成就，沒有理論，沒有演繹推理。誠然，與古希臘比較，中國古代數學理論研究確實薄弱一些，但絕不是沒有理論，沒有推理。劉徽全面論證《九章算術》的公式、解法時主要使用了演繹推理，他的數學知識形成了一個完整的理論體系。劉徽和其他數學家還往往採取寓理於算的做法，同樣是數學推理，是數學理論的一種表現形式。」[1]

　　另外在〈中國古代數學：不僅重應用，而且有理論〉文中，郭先生再次強調：「我們經過考察發現，現今形式邏輯教程中關於演繹推理的幾種主要形式，劉徽都嫻熟的使用過，而且沒有任何循環推理。劉徽的數學證明是相當嚴謹的。說中國古代數學沒有演繹邏輯，大約是沒有讀或者沒有讀懂劉徽的《九章算術注》。」[2]

　　郭先生所以能對劉徽的數學推理、證明與理論體系，做出肯定而高度的評價，完全建立在他對《九章算術》及其劉徽注長期、深刻，以及忠實於原典的研究成果之上，從而能發前人所未能發，不受成見遮蔽。

　　郭先生舉證國際上認同中國古代數學缺乏理論，特別是演繹邏輯的例子，包括「三上義夫認為，中國古代數學最大的缺點是缺少嚴格求證的思想。李約瑟斷言，在從實踐到純知識領域的飛越中，中國數學是未曾參與過的。比利時學者李倍始（Ulrich Libbrecht）則宣稱，中國中世紀所有數學著作都沒有證明。」[3] 三上義夫是研究中國古代數學的先鋒，特別以英語寫作而導引西方對於中國古代數學的認識。但是受其置身時代條件的限制，能夠廣泛介紹中國古代數學成就已屬不易，很難期望有更深入的評判。

　　對於李約瑟的《中國科學技術史・數學卷》，郭先生曾指出他對中國古代數學成就的闡述並不充分，甚至有不得要領之處。[4] 然而李約瑟這本書卻成為西方人士認識中國數學的重要

參考書。例如克來因在他 1,200 餘頁巨著《古今數學思想》的序言裡說：「我不談像中國、日本、馬雅等文明，是因為他們的成果對於數學思想的主流沒有實質的影響。」[5]他在中國之後還加一注腳，請讀者參閱李約瑟「相當好的」《中國科學技術史·數學卷》。

李倍始在 1973 年出版對於秦九韶《數書九章》的研究，成果相當出眾，他對於「沒有證明」的論斷，應該是相對於某種有關「證明」的規範所做的結論。

在李倍始之後，華道安（Donald B. Wagner）於一篇討論劉徽推導錐體體積的論文結論裡說：「劉徽對於《九章算術》陳述的解釋，並非基於一套公理系統，因此最好不要稱它們為『證明』；我把它們叫做『推導』，類似於當代工程教科書裡，能找到的一些鬆散的數學推導。」他在論文的摘要裡甚至說：「這些解釋滿足我們所謂證明的許多評斷標準。」

所以華道安採納規範「證明」的要件應該會包括「公理系統」。他在結論裡接下去說：「劉徽的推導立基於他認為顯然為真，卻通常未明白說出的預設。……劉徽要求嚴謹性的標準很高，他從來不會犯循環論證的錯誤。」[6]也就是說劉徽論證的結構與使用公理並無顯著不同，只是他沒有意識到有必要把預設條件一一敘明。

所以對於中國古代數學確保獲得正確知識的方法上，華道安比李倍始更具包容性，承認「證明」的功能是存在的，

只是名字叫「推導」。范‧德‧瓦爾登（Bartel Leendert van der Waerden）是二十世紀弘揚抽象代數貢獻卓著的數學家，當他援用華道安的論文說明劉徽的方法時，毫無保留的把華道安的「推導」都稱為「證明」。[7] 他的做法從我們看來可說呼應郭書春先生對於劉徽注的定性。

「證明」的多重意義

證明之始是一種有意向性的認知活動，並不必然以文字記載的方式表示出來。郭書春先生雖然承認沒有給任何術文留下推導與證明是《九章算術》缺點，但他表示：「這不是說當時根本沒有推導或論證。《九章算術》的許多解法和公式相當高深，已非經驗所能及，沒有某種形式的推導是不可能的。」[8]

一段數學文本從給出問題到列舉解答之間，也許未著任何文字。例如：《九章算術‧方田》第六題，「又有九十一分之四十九。問：約之得幾何？答曰：十三分之七。」後續雖然給出一段著名的約分術曰：「可半者半之；不可半者，副置分母、子之數，以少減多，更相減損，求其等也。以等數約之。」但是沒有說明為什麼會是正確的。

從想求取約分的結果，到訴諸於一般性且並非顯然的算法，這中間沒有用文字表現出來的過程，無論是原作者對自己，或對他可能的讀者，都應該有自認足夠說服此法得以獲得

正確答案的認知經歷，否則何必將錯誤的答案或方法示諸於人？當然，自認具說服力的想法有可能存有漏洞或未能完全達到目標的缺失，但其意向原本在追求正確結果。所以討論有關「證明」的方方面面時，首先應回歸到「證明」這種從事說服結果正確的初始意向。

「證明」這個詞其實包含有多重的意義，例如林力娜在討論劉徽注關於分數加法的論文中，曾經區分了證明的兩種意義。一種稱為「規範性」，意思是針對某一命題，證明是要充分建立其真確性，而且是相對於一套給定的超越歷史的規範，例如亞里斯多德明白陳述出的那套系統。傳統上大量關於證明的議論，主要就是分析這種脈絡裡的文本品質，或者敘述這類的規範。

證明的第二種意義是指一種活動及其產物。當今的數學家撰寫與發表證明時，並不會仔細討論是否符合設定的規範，他們並不在意建立命題的真確性超越任何「合理的」懷疑，「他們作證明是想瞭解所證明的命題，想知道為什麼為真，而不僅僅知道它為真。換句話說，作出證明並非寫出證明的唯一動機。」[9]

與李倍始或華道安相比，林力娜對於「證明」的觀點更能反映證明的整體面貌，特別是證明活動在認知過程中的意向性。如果從非「規範性」意義角度觀察證明，也就是說證明的目的在說服人接受結果是正確的，一個應該會先考量的問題

是，這種說服過程有可能不使用邏輯推理嗎？人類在思考上做素樸的推理，是一種普遍的能力，未見什麼民族不會做一些因果之間的推理，也沒有什麼人種與其他人種思考方式截然不同。

近年研究數學美感的神經基礎的澤奇，援引康德對於美的直覺的觀點，認為數學公式所以美，是因為它「合理」。合什麼理呢？就是大腦天生的邏輯演繹系統，這個系統沒有種族與文化的差異性。澤奇又徵引羅素的說法：「邏輯的命題可先驗性的知曉，不需要鑽研真實的世界。」也就是說邏輯命題的根源，立基於先天的腦內概念。[10] 因此之故，在證明的認知歷程中，某種層次的邏輯功能必不可缺少。

而在數學這種因果鏈明確的知識體系裡，想要保證結果正確的推理方式，不可能不使用到演繹邏輯。這種演繹邏輯的應用是一種直覺性的操作，並不必然須先認識到，以及述明推導的形式規則。然而當規範性的推導規則給出來後，因為人類推理思維的普遍性，原先直覺的操作也可重新加以組織並表述為符合推導規則的形式。針對劉徽《九章算術注》，郭書春先生已經執行過這種重組與表述的工作。[11]

證明在西方的辯證發展

其次，暫時把證明限制在「規範性」意義來觀察，特別是

相對於亞里斯多德建立的邏輯體系，以及其表現在歐幾里得《原本》的數學證明範式做為評判的依據。正是對照這樣一個限定證明的架構下，中國傳統數學以往才經常被判決缺乏證明。但是這個標準在西方數學史上是否就嚴格遵守呢？這個標準真的是超越歷史不發生變異的嗎？兩個問題的答案應該都是否定的，但是西方論者往往把這個標準當作是靜態的，忽略它的辯證發展，把一些實質上跨越它的行為，仍然視為可以接受。

最明顯的一個例證出現在有關數學分析學的發展上。自從牛頓與萊布尼茲各自發展出微積分，以及接下去十七與十八世紀數學分析的英雄式發展期，因為涉及無窮小這個古希臘數學家迴避的概念，所呈現的證明其實多有違背歐幾里得範式的作為，然而數學史家依舊接受它們還是數學證明。

至於歐幾里得的公理體系，在被認為是保證獲得命題真理性的唯一架構兩千餘年之後，也因為對於數學概念的更加精準的理解，終於被識破其實也是不完備的，從而才有希爾伯特撰寫《幾何基礎》的動機，以嚴謹的手段重新塑造歐幾里得幾何。

其實希臘在歐幾里得的傳統之外，丟番圖（Diophantus of Alexandria）提供了截然不同的另外一條路徑。他的《算術》（Arithmetica）一書，揚棄把代數問題幾何化的希臘傳統風格，直接作數字的推算以解決給定的問題。他的推論建立在對於數

的直覺理解上，不需要明述一個算術的公理系統。丟番圖特別使用個別數字來表達計算的過程，可是將這些數字更換為其他數字，計算方法仍然保持有效。這與中國古代數學的風格非常相似，看起來好像是解決了一些特例，其實意涵了足夠一般的通用解法。

因此當代有學者認為：「在現代數學的脈絡裡，丟番圖的解答可以稱之為通性證明（generic proof），這是用來稱呼一種演示，就是針對某個類裡特定對象作證明，但其實適用到同類所有的對象。」[12]作者在論文結論中更強調，在數學的教學方面，這種使用實例來演示的丟番圖方法，會優於一般乾癟的證明。

另外，以論述數學本質、實務、與社會影響力著稱的賀希（Reuben Hersh）於一篇論文中特別強調：「在數學研究裡，證明的目的在於說服。檢驗某個東西算不算是證明，要看它能否說服夠資格的裁判。另外一方面在教室裡，證明的目的是要解釋。在數學教室裡開明的使用證明，志在激發學生的理解，而非滿足『嚴謹』或『誠實』的抽象標準。」[13]

從上述引用當代數學家關於證明的觀點，能夠看出對於所謂證明的內涵，不必然謹小慎微的只遵循其「規範性」的意義。一方面對於古代不能劃歸歐幾里得範式的表現真理方式，不吝於賦予證明的稱呼。另一方面在面對教育的實務操作上，證明更可以脫下鐵夾克，從說服專家接受真理，軟化為解釋真

理讓學生能接受。

一窺當代數學哲學看證明

從當代數學哲學的立場來看，「證明是什麼？」這個問題也有不只單一的回答方式，除了諸如形式主義、柏拉圖主義、經驗主義、維根斯坦式等等不同觀點外，提森（Richard Tieszen）從現象學或認知的角度來理解證明的作用。[14] 他認為證明供給了數學經驗的證據，他更強調除了通過實際或可能的經驗，不會更有其他的「證據」。他認為在實際的數學工作中，證明涉及許多非形式的成分，雖然不失某種未全然形式化的嚴謹性，但也包含「意義」或語意內涵。

學習數學知識時，如果只是機械性的跟著證明裡的推導步驟走，並沒有真正瞭解一個定理。當我們想通時才真正「看到」定理的真，也才掌握到提森所謂的證據。由這種觀點來看，證明最初必然是一種行動或過程，之後才自身成為一種對象。所以掌握「證據」也就是使數學的意向得以實現。

提森的基本看法便是：「證明就是數學意向的實現。」他借用康德的口吻說，「在數學裡，缺乏證明的（指向物件的）意向是空洞的，而缺乏意向（即『關於什麼』，意義或語意內容）的證明是盲目的。」人類認知的功能基本上是一致的，因此數學意向的實現並不會落入一種唯我的、個別的混亂「證

據」中。提森對證明的說法，不至於與數學知識的社會性發生矛盾。

提森所依循的現象學就是胡賽爾（Edmund Husserl）所開創的哲學學說。已故組合數學大師柔塔（Gian-Carlo Rota）曾是麻省理工唯一同時是數學與哲學的教授，他寫過有關數學的現象學三篇重要文章：〈數學真理的現象學〉、〈數學美的現象學〉、〈數學證明的現象學〉。在〈數學證明的現象學〉一文中，柔塔相當扼要綜述了胡賽爾對於真實描述的規律是如何實施於數學上：[15]

1. 實在的描述應該把隱藏的特徵揭開來。數學家經常口頭上傳講的，並不是他們真正實際操作的，他們很不願意坦白承認自己每日的工作實況。

2. 一些平常清掃到背景裡的邊緣現象，應該給與應有的重要性。數學家閒聊時會涉及理解、深度、證明的類別、清晰程度，以及許多其他的字眼，嚴格討論這些字眼的角色，應該屬於數學證明的哲學。

3. 現象學的實在主義要求不能用任何藉口，把數學的某些特徵貼以心理的、社會的、或主觀的標籤，而從探討的範圍內排斥出去。

4. 任何規範性的預設應該濾除。常常一種對數學證明的描述暗藏了作者對於證明應該是什麼樣子的訴求。雖然很困難，甚至包含潛在危險，我們仍然有必要採取嚴格的描述態度。這種態度有可能導致令人不愉快的發現：例如，可能會體認出沒有任何一種特徵為所有數學證明所共享。或者可能不得不承認矛盾是數學真實面貌的一部分，是與真理肩並肩共存的。

當代數學家議論證明

這種重視描述性而非規範性的檢視方式，用來觀察數學界的日常真實運作，會披露更為生動、多樣，甚至有些矛盾的生態環境。1993 年賈飛（Arthur Jaffe）與奎因（Frank Quinn）兩位在《美國數學會會誌》上發表一篇宏文，[16] 他們認為獲得有關數學結構的信息須通過兩階段：第一階段發展直覺的洞識，推測將其正當化的途徑。第二階段修正推測並進而加以證明。他們將直覺與思辨階段的工作叫做「理論數學」，將以證明為核心的階段叫做「嚴格數學」。他們要倡議這種區分，主要受到近年來理論物理促進了數學突破性進展的刺激。

一些理論物理學家運用數學工具，發展出像弦論、保形場論、拓撲量子場論、量子重力等理論。但要檢驗這些理論的實驗，都超越目前能力所及的範圍，因此實驗物理學家對這些成

果持有相當保留的態度。

有趣的是這些結果卻刺激數學家開展了許多新的天地，例如用費曼路徑積分或量子群表現來理解三維流形上扭結的多項式不變量。這些理論物理學家正是運用揣測與不嚴格的思辨性方法，創造數學上的突破。

這類數學工作可說就是賈飛與奎因所謂的理論數學，然而他們很擔心如果沒有建立新的工作規範與價值，導入穩定健康的發展軌道中，很可能在一陣熱鬧後，數學家要清掃一大堆雖然宣稱是證明，其實是有失嚴謹的推斷，從而使得思辨方法的積極意義遭到抹殺。

賈飛與奎因提出了若干補救這種情形的具體建議，因而引起主編向數學界邀集對該文的回應，結果產生一份非常有意思的紀錄。在諸多名家的儻論中，曾在 1982 年獲頒菲爾茲獎的瑟斯頓（William Thurston）發表一篇〈論證明與數學進步〉的文章，[17] 他認為賈飛與奎因的「理論數學」所想引人注意的思辨方法，其作用是用來產生問題、製造推測、猜想答案，以及試探什麼會是真的。但是他們未曾深究這些行動到底所為何來？我們並不是為了滿足某種抽象的生產指標，而要造出一定數量的定義、定理、證明。所有這些作為是要幫助人理解數學，以及更清楚、更有效的思考數學。

瑟斯頓在深度申論人如何理解數學之後，他強調數學知識與理解其實是編織在數學家社群的社會與心智的脈絡裡，文字

的記述支援了這種知識的存續，但文字並不是最基礎的部分。透過人與人之間理念的交流，數學知識的可靠性獲得了保證。數學家檢驗證明的形式論證，雖然也是一種鞏固數學知識的方法，但是數學知識的生命真正來自數學家的思想活動，縝密而批判性的思維交流。

瑟斯頓的觀點凸顯了有效發揮證明傳達數學知識的作用，真正的重點不在「形式性」、「邏輯性」，而在於所存身的數學共同體的網絡結構。

中國數學不缺乏證明

昔日數學史家或數學家對於中國傳統數學缺乏理論體系與證明的見解，其實表現了一種定見，就是視歐幾里得《原本》為證明的權威範式，只有符合歐式體系的組織與表述方式，才得以認證為合法的數學證明。這種定見其實有幾項弱點：

1. 西方數學史上某些創造力爆發的階段，並沒有循規蹈矩遵從這個範式；
2. 這個範式本身並不完備，而且直到相當近代才補齊它的漏洞；
3. 古希臘在幾何概念居主導的傳統之外，還有其他數學發展的脈絡，而其成就為現代數學家接納應屬證明。

　　因此證明的內涵、意義、操作都不是僵化的存身在一個抽象的天地，它是有演化與辯證發展的歷程。特別是現代數學家看到證明的有效性，其實超出邏輯或形式的規範界線，會深度涉及數學共同體的網絡結構。是一種社會性的活動，而非純粹理性的思辨行為。當我們對證明建立了邊界更為廣闊、內容更為多元的認識後，中國傳統數學並不缺乏證明便成為自然的結論。

第 24 章

假如徐光啟學通拉丁文

　　1607 年由利瑪竇（Matteo Ricci）口譯、徐光啟筆錄的歐幾里得《原本》前六卷在北京刊印了，並將書名定為《幾何原本》。此書對於中國的數學發展有長遠的影響，時至今日我們還在使用許多利、徐二位所定的名詞，例如直線、曲線、平行線、直角、銳角、鈍角、三角形、四邊形。這些名詞已經自然的融入日用詞彙裡，以致我們都忘了它們原來是翻譯名詞。

　　然而從另外一個角度來看，歐幾里得幾何學的精華，也就是鋪陳數學證明的公理法（或譯為公設法），卻沒有在中國傳統的數學思想裡扎下根，因此我們也可以說《幾何原本》的影響是淺層的。這種看來矛盾的吊詭現象，實在是中西學術交流史上，相當值得反思的課題。

合作無間的成果

　　明萬曆二十八年（1600），徐光啟赴南京拜見恩師焦竑，也初次與耶穌會士利瑪竇晤面。三年後他在南京受洗入教，取名保祿。再次年考取進士，任翰林院庶吉士留住北京。此時利瑪竇已經在京三年，所以徐光啟有機會經常向利瑪竇學習教義。關於他倆翻譯《幾何原本》的動機，據利瑪竇《開教史》的記載，是徐光啟首先提議翻譯西方自然科學著作：

> 徐保祿博士，看來只是為了提高神父們和歐洲的威信，發揚天主教，向利瑪竇神父建議，翻譯一些我們的科學著作，以此向該國學者表明，我們的鑽研是多麼勤奮，論證的基礎又是多麼完美。由此，他們將明白天主之道是多麼有說服力，值得跟從。經過討論，此時此地，歐幾里得《原本》乃是不二之選。中國人欣賞數學，但人人都說看不到根本原則所在；此外，我們也打算單純教授一些科學知識，沒有這本書一切都無從談起，特別是此書的證明非常清晰。[1]

　　徐光啟與利瑪竇合作只一年就完成了《幾何原本》前六卷的翻譯工作，達成這樣高效率的原因，一方面是利瑪竇既熟知平面幾何又相當通曉中文，另方面剛好徐光啟天資過人學習力

旺盛，很快掌握所習得的數學，能用明晰的中文表達出來。並且他特別勤奮，每日接受口傳，利瑪竇在〈譯幾何原本引〉中說：「先生就功，命餘口傳，自以筆受焉。反復輾轉，求合本書之意，以中夏之文重複訂政，凡三易稿。」可見翻譯工作的辛苦。

在協助利瑪竇翻譯《幾何原本》的同時，徐光啟也同步認真學習了幾何學。明末許多中國古典數學書都已失傳，徐光啟沒有受到強烈傳統數學薰陶與限制，反而因此體會出公理法的特性與優勢。他在〈刻幾何原本序〉中說：「由顯入微，從疑得信，蓋不用為用，眾用所基」，深得數學非工具性的特質。而在〈幾何原本雜議〉裡說：「此書有四不可得：欲脫之不可得，欲駁之不可得，欲減之不可得，欲前後更置之不可得」，也掌握到公理法的邏輯精神。

歐幾里得《原本》共有十三卷，前六卷自成一個專講平面幾何的系統。第七至第九卷屬於數論，第十卷處理無理量，第十一至第十三卷主要講立體幾何。整體來說，相當全面的展現了古希臘數學的核心知識。雖然徐光啟學得興致勃勃，十分願意繼續翻譯下去，但利瑪竇卻說：「止，請先傳此使同志者習之，果以為用也，而後徐計其餘。」

中譯本出版後不久，徐光啟因父親過世返鄉守制，等到三年後回北京時，不幸利瑪竇先已歸天。徐光啟在〈題幾何原本再校本〉中感嘆「續成大業，未知何日，未知何人」。至於利

瑪竇為什麼停止翻譯的理由，利徐二人都沒有表述理由。楊澤忠曾提出單純而合理的解釋：

> 我們完全可以看出，其實利瑪竇和徐光啟翻譯《幾何原本》是一個很巧的事件。當時兩個人恰好都有時間和空間，也都互相欣賞，可謂天時、地理、人和三者俱備。說利瑪竇拒絕了徐光啟實際上是沒有的事。之所以中斷這個過程，完全是意外事件造成的。若不是徐父的去世，也許他們還能繼續下去。[2]

少了點玄奘的探究精神

我們不由得會問一個假設性的問題：如果徐光啟當時痛下決心學通拉丁文，獨力把《原本》後七卷翻譯出來，不知中國數學後續的發展會不會有迥然不同的軌跡？康熙年代最傑出的數學家梅文鼎曾說：「言西學者，以幾何為第一義。而傳只六卷，其有所祕耶？抑為義理淵深，翻譯不易，而姑有所待耶？」在清朝雍正皇帝鎖國之前，中國的數學家除了懷疑洋人留一手外，好像沒有人去認真學習拉丁文，而後得以探索西方科學的究竟。

這讓我們想起佛教透過翻譯經典，不僅傳入中國而且能生根的歷史。從東漢末年到唐中葉，經歷八百年之久，終讓譯經

事業從萌芽到繁盛。這是世界文化史上一等的壯舉，而所譯卷帙龐大的經論，也成為人類文化的瑰寶。

譯經工作在唐朝玄奘達到高峰，《大唐大慈恩寺三藏法師傳》卷一說他：「既遍謁眾師，備餐其說，詳考其義，各擅宗途，驗之聖典，亦隱顯有異，莫知適從，乃誓遊西竺，以問所惑。」通過他親自追本溯源留學印度十七年，回國後領導翻譯佛經一千三百多萬字，使大乘佛教在中國發揚光大起來。

可惜明末清初的數學家缺乏玄奘那種追根究柢的魄力，未曾遠赴歐洲學習當代數學與科學知識。不能掌握歐洲知識界交流思想的語言工具，即使是徐光啟也難以繼續精進。雖然徐光啟樂觀的認為《幾何原本》「百年之後必人人習之」，不過早在 1681 年李子金為杜知耕的《數學鑰》作序，談到學者對待《幾何原本》的態度時，便說：「京師諸君子即素所號為通人者，無不望之反走，否則掩卷而不談，或談之亦盲然而不得其解。」可見《幾何原本》並沒有得到徐光啟預期的效應。

清初有些數學家雖然也嘗試著定義數學概念，以及給出推論所依據的命題，但是最後還是在濃厚的致用文化氛圍裡，走上雖然號稱會通中西，但其實是以中馭西的道路。不僅認為西來的數學都不出傳統勾股數學範圍，到乾嘉學派時，還花很多氣力去做蒐集、校勘、注釋與翻刻古代數學書籍的復古活動。在徐光啟之後，沒有人對歐幾里得的核心思想公理法有更深刻的認識，更不用說有像牛頓那樣用公理法把自然知識組織起來

的企圖了。陳方正認為文化的自信是輕忽歐幾里得的核心原因：

> 自古希臘以至十七世紀為止，《原本》在西方科學中始終具有無與倫比的權威性和重要性。另一方面，羅馬文明忽略《原本》，和中華文明接觸到《原本》但不為所動，都可以說是對本身文化過於堅定自信所致，這和新興而尚未有深厚文化累積的伊斯蘭帝國看古希臘文明，或者脫離所謂『黑暗時代』未久的歐洲看當時已經富強先進多個世紀的伊斯蘭文明，心態是完全不一樣的。[3]

　　總而言之，十七世紀的中國數學家曾有那麼一次也許能夠脫胎換骨的機會，可嘆他們交臂失之矣！

第 25 章

十九世紀英國
一場幾何教育的紛爭

　　歐幾里得是古希臘時代活躍在亞歷山大城的傑出數學家，雖然人們對於他的生平事蹟所知甚少，但是他的數學遺產《原本》，卻是人類文明史上閃耀光芒的巨著。歐幾里得將他之前諸多數學家的成果，加以簡化精煉並且用嚴密的邏輯思維組織起來。

　　《原本》的表達形式始於定義、公理、公設，之後是一系列的命題、定理及其證明。每條數學真理的建立，都只倚靠先前已經證明的真理，如此反復倒推回去，一切所能獲得的真理，最終都建立在「不證自明」的起始公理與公設。這一整套以演繹法組織架構知識的方法，一般稱為公理法（或稱公設法）。

　　歐幾里得原著的《原本》已經佚失，最古老又流傳最

廣的是亞歷山大城的席恩（Theon of Alexandria）所編輯的版本。《原本》可說是有史以來最暢銷最有影響力的教科書，自 1482 年第一次發行印刷本後，版本數僅次於基督教的《聖經》。在長達兩千年的時間裡，《原本》成為數學教育的核心部分。早期仍屬大學教育層次，後來漸次向下延伸，尤其是平面幾何部分，最終達到初級中學。以英國為例，「到十八世紀，幾何已經成為英格蘭紳士標準教育中不可或缺的一部分；再到維多利亞時代，幾何也成為工匠、一般寄宿學校學生、海外殖民地臣民、甚至婦女教育中重要的成分⋯⋯所使用的標準教科書就是歐幾里得的《原本》。」[1]

《原本》影響力所及之處不僅在於幾何學，它的公理法演繹體系更成為精準穩固知識的標竿。例如：阿基米德的《論平面圖形的平衡》（*On the Equilibrium of Planes*）共有兩卷，第一卷有 7 條公理，15 條命題；第二卷有 10 條命題。此書記錄了著名的槓桿原理，並且利用這樣的物理原理，計算出各種平面圖形的面積與重心。牛頓劃時代巨著《自然哲學的數學原理》也是從定義開始，然後列出公理，也就是運動的定律，後面的結果便以命題、引理、定理等形式出現。

公理法的影響範圍甚至超越科學的範圍，例如荷蘭的哲學家斯賓諾莎（Baruch de Spinoza）的名著《倫理學》，書名的副題就聲明是經由幾何式的證明來建立體系。該書從 6 條定義出發，再接著羅列 7 條公理，之後按演繹邏輯推論出各種倫理命

題。在現實世界活動中，比較令人矚目的例證是 1776 年美國
《獨立宣言》主張擁有生命權、自由權、與追尋幸福之權是
「不證自明之真理」，留下歐幾里得公理法影響的痕跡。

此起彼落的不同聲音

當十九世紀的英國數學教育正籠罩在《原本》的巨大權威
之下時，有另一種異議的聲音逐漸萌芽。推動變動歐幾里得式
教育的活動，其實不純粹是基於學術興趣，它也有相當的時代
背景因素。

從數學內部而言，因為非歐幾何與射影幾何的興起，動搖
了認為歐氏幾何是關於空間的唯一真理這種信念。

歐氏幾何的平行公理，斷言通過直線外一點，存在唯一與
原直線不相交的直線。但是現在人們發現即使替換成沒有平行
線，或者有無窮多條平行線，所得到的另類平面幾何系統，會
跟歐氏幾何具有相同的邏輯一致性，從而描述空間幾何性質的
系統便喪失了唯一性。

在射影幾何裡則必須討論在歐氏幾何裡沒有的元素，諸如
無窮遠點、無窮遠線，而其所描述的空間結構更接近人們視覺
裡的狀況。歐氏幾何的唯一性一旦打破，還要大家怎樣去學習
《原本》，自然引起了議論。

從數學外部而言，十九世紀的英國已經因為工業革命的結

果，使得大規模的工廠取代傳統手工生產，也因而產生對於工程師的大量需求，並且不少工程師也要同時從事科學研究。以前科學家多出身貴族或富裕家庭，現在工商階級的子弟也能躋身於科學家行列。例如普及演化論最為有力的赫胥黎（Thomas Huxley）曾說過：「如果我要兒子進入任何一行製造業，我不會夢想把他送入大學，*我應該把他送入一家好學校，再讓他能去倫敦大學註冊，他就可以全心從事科學研究了。」

　　在這種氛圍中，教育的內容更為傾向實用的需求，把歐幾里得《原本》當作人文素養的教材，會顯得不符合新興中產階級的胃口。

　　赫胥黎對於教育的基本立場，重視歸納方法的探究勝於辨認絕對的、固定的真理。聲望很高的數學家西爾維斯特呼應赫胥黎的看法，認為這樣的教育哲學觀也可以支撐數學的教育。如此修正傳統的見解，不可避免激起了思想上的分歧。到了1870 年代與 1880 年代，英國熱愛數學的人士幾乎都捲入一場論爭，焦點在於《原本》是不是幾何的最佳教本。

　　1869 年西爾維斯特在不列顛科學促進會年會中以會長身分發言，就曾呼籲放棄《原本》做為教科書，要求大家拋開「我們傳統的、中世紀式的教學法」，不要再拿著歐幾里得的書照本宣科，而應參照歸納科學那種充滿生氣的活潑教學法。

---

* 意思是指牛津與劍橋大學。

他建議接受投影與運動做為學習幾何的輔助，讓學生早日接觸到連續、無限等觀念，並且熟悉各種想像對象的規律。也就是多加運用學生的直覺與體驗，而不要在乾燥的邏輯推理中打轉。西爾維斯特曾說：「早年學習歐幾里得的經驗，使我成為幾何的痛恨者。」

西爾維斯特看似激進的呼籲，得到相當數量的回應。1870年代在赫胥黎新創辦的《自然》雜誌裡，充斥著對於新類型幾何教本的評論，以及家長、教師、學生對於幾何教學目標的意見。當然擁護以《原本》為教科書的傳統派也沒有棄甲投降，兩方的對陣可用威爾遜（James Wilson）與笛摩根之間的筆仗為例。

年輕的數學教師威爾遜在 1868 年出版了一本教科書《初等幾何》，他在序言裡猛批歐幾里得只專注如何使用最少的公理或公設推導出結果，從而犧牲了證明的單純性與自然性，顯得極度造作又冗長，無法帶動真正的理解。

威爾遜附和西爾維斯特的立場，認為應該以歸納科學的方式探究並學習幾何，而不應該局限在形式證明的鐵夾克裡。歐幾里得運用的邏輯推理過分精緻，會讓學習者以為深刻的推理都那麼不食人間煙火似的，遠遠脫離了健康清晰的常識。威爾遜在自己的教科書裡，希望適度導引學生有能力獨立發現那些定理。

年高德劭的笛摩根是當時英國的數學權威，聲望地位都遠

超過年輕的威爾遜，他覺得有責任出來捍衛歐幾里得的價值。笛摩根認為年輕人很容易自以為什麼都知道，通常吸收得太雜而結論又下得太快，因此威爾遜倚賴的「健康清晰的常識」，必須讓所謂歐幾里得「極度造作」的嚴密邏輯加以馴服，才能達成真確的理性思維。

其實，威爾遜與笛摩根都沒有否定幾何教育的重要性，他們的分歧落在教育的方法與手段上。威爾遜希望較開明自由關於理性的觀點能主導幾何教學，而笛摩根則希望更多領域能遵循幾何的嚴格要求。

笛摩根在 1871 年就過世了，他的保守派大旗便由其他知名人士傳承下去。例如牛津大學的道奇森（Charles Dodgson），他雖然是一位數學家與邏輯學家，但是最為世人稱道的是他用筆名路易斯・卡羅（Lewis Carroll）創作的童書《愛麗絲漫遊奇境》（1865）與《愛麗絲鏡中奇遊記》（1871）。道奇森在 1879 年出版了《歐幾里得與其當代對手》（*Euclid and his Modern Rivals*），強調學生學習歐幾里得《原本》時，好像是在接受一種洗禮，進入一個兩千年的文化園地，那裡面的名詞、事物，以及位置順序都經過成百上千學者的闡述，早已變成有教之士的基本素養。因此不僅學習幾何誠屬必要，而且更應該遵守歐幾里得安排的路徑來學習。

數學教育改革派還面對一項嚴重障礙，就是普遍的統一性考試制度。在當時的英國，不管是軍方或者公務人員的任用或

升遷，經常需要通過標準化的考試來篩選。幾何學考試的內容完全遵照歐幾里得《原本》的內容，連定理的編號、證明的步驟都不得有所偏離。因此如果改革派想獲取幾何教育的主導權，必須迎應制式考試的需求，也就是有必要開發一套清楚且普遍的幾何課程標準，讓考試時大家都有所遵循。

自由與嚴謹之爭

1870 年有 36 位公立學校的校長集會，倡議重新檢討《原本》是否適合做為教科書。次年不列顛科學促進會成立了專案委員會來審視這項呼籲，並且組織了改良幾何教學協會（Association for the Improvement of Geometrical Teaching，簡稱 AIGT），於 1871 年 1 月第一次集會。首屆會長數學家赫斯特（Thomas Hirst）宣稱全國公認需要一套新的幾何教科書，但是他也提醒大家不可操之過急，否則會出現像法國與義大利的狀況，倉促的改革刺激了保守派的強勢反撲。

為了提供考試時的統一標準，赫斯特建議協會第一件任務，便是把幾何定理編排出一個大家都能接受的順序。實際定理的證明並不加以限定，允許教科書的作者有發揮的空間，但是誰前誰後必須一致，如此在考試應答時才能在公認的基礎上做邏輯推理。

這樣看似單純的任務，執行起來也不容易。首先重視幾何

實用性的一批人，傾向針對不同的群體應該有相應其需要的課綱。例如準備從事建築、測量、木工、機械的學生，使用像威爾遜較為符合常識的教材即可，沒有必要被笛摩根的嚴厲邏輯標準所折磨。幾何的作圖法就是一個具體例證，因為歐幾里得作圖所使用的工具中，直尺是不能有刻度的，但在現實生活操作中，這種限制看來大量增加作圖的步驟，同時又令人感覺毫無必要。可是赫斯特為了避免重蹈法國與義大利的覆轍，強調即使初等幾何教本仍然須保持嚴謹的性質。

　　經過多方的討論修正，直到 1875 年才出版了第一份課綱。這份妥協的課綱既難以討好保守派，也沒有充分滿足改革派。最糟糕的是牛津與劍橋大學的考試仍舊遵從《原本》書中的定理順序，間接設定了中學課綱所採取的順序。面對如此強大的阻礙，AIGT 雖然維持聚會並發行年度的報告，但是他們預見的革命性改變浪潮並沒有出現，到 1893 年不得不中斷出版年報。

　　1894 年 4 月 AIGT 的名譽祕書蘭利（Edward Mann Langley）開始發行《數學雜誌》（*The Mathematical Gazette*），目的在建立教師們之間的聯繫與交流，溝通關於有效教學的方法與途徑。之後 AIGT 改換名稱為「數學協會」（Mathematical Association），宗旨也擴大到促進數學教育的各方面，而不再局限於幾何。「數學協會」與《數學雜誌》迄今都是英國數學教育方面重要的機構與出版品。

　　不過，對於幾何教學的關注並未在英國完全消亡，1901
年長期任教於技術學院的佩里（John Perry）在不列顛科學促進
會發表演講，呼籲放棄赫斯特那種幾何教學只有一種途徑的信
念。基於多年從事實用幾何教學的經驗，讓佩里無法再忍受由
純數學家所掌控的考試體制。而且經過二十多年的論辯，他也
不再相信單一的真理論，他提出大家所需要的是教育的《寬容
法案》，讓那些不食人間煙火的純數學家，繼續過他們神仙頭
腦的日子，但是像他這類要把數學原理應用到實際事務的凡
人，應該有權走出純數學家的宰制。

　　佩里的演講當場就受到熱烈的歡迎，接下去與會人士居然
討論了三個小時，浮現的主旋律就是應該讓教師從單一課綱的
限制中解放出來。這場討論的效應迅速擴散，不列顛科學促進
會與數學協會都組織了委員會，向大學施壓修改以歐幾里得為
依歸的考試體制。到 1903 年劍橋大學終於不再要求必須遵循
《原本》安排的定理順序，其他大學也就相繼跟隨。歐幾里得
在英國教育的霸權竟然急速瓦解，最終社會把幾何看作實用技
能的教育觀點，壓倒了堅持幾何教育價值僅在於博雅教育的勢
力。

　　現在回顧十九世紀英國這場幾何教育的紛爭，其實也有它
的現實意義。一方面考試引導教學仍然是東亞教育難以迴避的
困局，另方面到底該讓數學家，特別是從事研究的純數學家，
主導多少中小學甚至一般社會大眾的數學教育方式，也是值得

檢討的問題。英國數學教育界當年論辯所涉及的不少觀點，於今還是具有一定的參考價值。

第 26 章
一生最重要的數學教育——
小學數學

　　2014 年底一篇新聞報導的題目〈6 分之 1 中小學生學力不及格〉，讓人感覺怵目驚心。還好看完內文之後，才知標題有誤導的嫌疑，其實計算不及格比率的基數並不是全體中小學生。教育當局實施中小學生補救教學方案，針對各班國文、英文、數學排名倒數 35% 的學生，檢測他們上學年的基本學力，不及格的學生在家長同意下，才得以接受課後的補救教學。如果用全體中小學生為基數來計算，則 35% 的六分之一約為 5.83%。

　　以小學數學而言，施測學生不及格比率如表 26-1。

表 26-1 小學學生的數學不及格比率

年級	二	三	四	五	六	七（國一）
不及格比率	7.09	11.19	15.03	20.45	22.81	25.18

可以非常明顯的看出，從小學二年級到六年級的數學，原本成績已經在後段的學生裡，不及格人數直線上升達到約四分之一之多。因為小學數學教育對每個人的一生都極端有用，如此的不及格比率是不能接受的。

論學習環境之重要性

小學數學如何有用呢？斯坦（Sherman K. Stein）在《幹嘛學數學？》[1] 這本書的第 10 章，報導了美國各行各業需要的數學能力。他參考《職業調查完全手冊》將數學能力分為 6 級，其中第 1、2 級涵蓋小學程度的數學。以 1992 年美國勞動人力 1 億 2 千 1 百萬來觀察，斯坦發現三分之二的人只需 1、2 級數學程度即可謀生。本來第 10 章的用意在於文末引用美國勞工統計局《職業展望季報》的話：「數學能力愈強的人，不但可以選擇的就業機會愈多，也愈能把工作做好。」但是，從另外一個角度來看，其實恰好凸顯了小學數學對於大多數職工的重要性。

2016 年美國東北大學社會學教授韓德爾（Michael J. Handel）

發表論文〈人們上班時做什麼？〉。[2]調查顯示幾乎所有人在工作中都需要用一些基本數學；但是除了計數與四則運算以外，其他數學題材的使用率便會降低。約有三分之二的人需用分數、小數、百分比，有 22% 的人會用層次稍高一些的數學，例如代數。按照韓德爾的分類，歸入低階白領職業的人，使用超過小學程度數學的比率甚至低於 10%。

從這些美國的調查與統計資料可看出，對相當大數量的勞動人口而言，最有用的數學就是小學教的數學。即使他們後來接受了中學的數學教育，那些知識也幾乎派不上用場，只是數學程度高會比較容易通過人才篩選的關卡。

小學數學既然重要，臺灣學生學習的狀況又如何呢？

「國際數學與科學趨勢調查」（Trends in International Mathematics and Science Study，簡稱 TIMSS）每四年舉辦一次，對象為四年級與八年級（國中二年級）學生，目的在瞭解數學與科學領域學習成就的發展趨勢，以及文化背景及教育制度的相關性。臺灣歷屆數學成績排名如表 26-2。

表 26-2　TIMSS 對臺灣數學成績的排名（2003–2019）

	2003	2007	2011	2015	2019
四年級	4	3	4	4	4
八年級	4	1	3	3	2

　　成績穩定名列前茅，看來應該得到喝采。然而 TIMSS 還調查學生喜不喜歡數學、學生對於學習數學的自信，以及學生認為數學有沒有用等等這些涉及學習態度的項目。2019 年的調查中四年級共有 58 個受測單位；八年級共有 39 個受測單位。表 26-3 列出臺灣學生回應負面選項的百分比以及排名。

表 26-3　臺灣學生對數學學習態度的評比結果（括弧內為排名）

不喜歡學數學	臺灣	國際平均
四年級學生	41%（58）	20%
八年級學生	56%（34）	41%

學數學沒有自信	臺灣	國際平均
四年級學生	44%（56）	23%
八年級學生	59%（34）	44%

認為數學無用	臺灣	國際平均
八年級學生	40%（58）	16%

　　臺灣小學四年級學生在不喜歡數學與學習沒有自信方面，都是國際平均的兩倍左右。雖然學習成就不錯，但是學習心態不健康，難怪到八年級認為數學無用的人數比例竟然高居國際冠軍。其實歷屆評量中顯現成績與態度的反差，似乎成為臺灣

數學教育的常態，如此常態其實是非常令人憂心的一種病態。

因為小學數學教育不像國、高中那樣受到升學的嚴重影響，所以四年級學童負面態度的原因，必須從學習環境去瞭解。臺灣大學數學系翁秉仁教授指出：「在臺灣，一般家長雖然怕數學，卻很喜歡『干預』小學老師的教學。家長多半覺得自己會小學數學，因此可以『盡一份心』。但是他們干預的方式很簡單，看到孩子不會做習題，就指導學生怎麼算；厲害一點的，更直接把國中方法搬下來，卻不做任何解釋。問題是，除了數學老師之外的成人，多半覺得數學就是公式和計算，不需要解釋（『反正你這樣算就對了！』）。還會因此據理力爭，為小孩向老師爭取分數，造成許多教學困擾。」[3]

除了家長的干預外，不少學生還在補習班接受不斷套公式計算的折磨，後果是抵消了老師正常教學的成效。這種幫倒忙的做法，除了歸咎於把公式背誦等同數學學習，更基本的原因是對於兒童智力發展的欠缺理解。特別是「家長多半覺得自己會小學數學」，而輕忽了其中精微細緻的概念層次。

以色列理工學院教授阿哈羅尼（Ron Aharoni），在離散數學方面的成就國際知名，但他願意花時間去小學教數學以瞭解實況。因為他有高深數學修養，以及研究創新經驗，才能針對小學數學發人所不能發的真知灼見。在他的書《小學算術教什麼，怎麼教：家長須知，也是教師指南》[4]裡，他說：「我教小學時領悟出來一個道理，就是小學數學一點也不單純，除了

美之外還有深度。」換句話說:「小學數學雖然不深奧,但包含智慧;雖然不複雜,卻有深意。」

所以要正確認識小學數學的重要性,首先應該建立對小學數學的虔敬之意。家長及教師具有這種鄭重其事的心態,才能貼近孩童感受他們學習中遭遇的困惑,才能發揮啟蒙嚮導作用,並且從旁鼓舞好奇、探索、精進的士氣。

社會文化影響改革走向

近二十餘年來,教育改革一直是臺灣社會關注的議題,不過民眾對於教改效果似乎貶過於褒。在 1996 年到 2003 年間,小學數學課程標準也出現過強調知識建構的時期,然而因為引起非常大的爭議不得不叫停。據臺灣勤益大學劉柏宏教授的觀察:「臺灣近幾年對建構式數學的討論與美國『數學戰爭』的某些過程雖不盡相同,但其背後內涵確實有幾分相似之處。不論在數學界或數學教育界,美國的走向都緊緊牽動臺灣的發展。美國『數學戰爭』雖已緩和但尚未結束,而臺灣的課程爭議也還沒落幕。」[5]

美國的「數學戰爭」起源於 1989 年美國數學教師協會 (National Council of Teachers of Mathematics,簡稱 NCTM) 公布的《學校數學課程與評量標準》,其中倡議的中小學數學教育改革方向深受建構主義影響。這套《標準》及根據它所編寫的

教科書，受到相當多專業數學家的強烈批評，媒體因而用「數學戰爭」描述雙方論辯的激烈程度。

這場戰爭最終導致《各州共同核心標準》（*Common Core States Standards*，簡稱 CCSS）於 2010 年公布，規範了從幼兒園到高中的數學課程。採用此標準的地方達到 41 州、首都華盛頓，以及 4 個海外領地。CCSS 的數學標準強調聚焦、一貫與嚴謹三原則，既注重概念理解也不輕忽實作應用，整體看來比 NCTM 主導期的課程難度加大。雖然 CCSS 得到專業數學團體的熱烈支持，但是反對的勢力仍然存在，由聯邦經費支持的標準化測驗尤其為人所詬病。

數學內容雖然普世相同，但是數學教育深受社會與文化因素的影響，必然與各國的具體國情有關。像是法國菁英層次與普通民眾之間，包括數學教育在內的很多方面，都存在著巨大鴻溝。

曾經得過菲爾茲獎的法國明星國會議員維拉尼（Cédric Villani）在 2018 年 2 月完成一份報告，認為一般人民接受的數學教育幾近災難。他在 21 條改革建議中，強調了提高中小學數學教師水準的迫切性。類似阿哈羅尼在「以色列人人數學有成就基金會」採取的措施，維拉尼的報告也把新加坡的數學教學做為值得學習的楷模。英國方面的狀況是教室紀律鬆懈，使用教科書比例低落，因而造成數學學習成效欠佳。2016 年英國政府以四年為期，計劃提撥經費給全英格蘭近半數學校，預

計培育 700 名種子教師，還要廣泛向上海、新加坡、香港學習，進行數學教學改革。

為什麼這些國家都要向新加坡學習呢？主要是因為新加坡不僅在 TIMSS 總是名列前茅，在另外一項國際評量 PISA 中也表現出眾。PISA 是《國際學生能力評量計畫》（Programme for International Student Assessment）的簡稱，每三年針對 15 歲學生進行一次跨國評量，藉以瞭解各國學生在「閱讀素養」、「數學素養」與「科學素養」上的能力。2015 年有 72 個參加評量單位，新加坡在每一素養專案上都獨占鰲頭。2018 年則每項都居第二名，僅輸給從中國取樣的北京、上海、江蘇、浙江組合隊伍。

PISA 評量的目標是各科「素養」，注重理解、應用、解決問題的能力，也是學生進入社會必須具備的能力。評量題目與日常生活相關，同時說明試題的情境，讓學生作答時能把思考與情境聯繫起來。臺灣最新的《十二年國民基本教育課程綱要》，也要著重培養下一代的核心素養，為終身學習奠定基礎與職業生涯發展做好準備，可說是呼應 PISA 引導的教育發展方向。

在注重素養的時代，家長必須先自我教育，才能用正確的觀點、恰當的誘導、健康的態度，協助孩童獲得應有的數學能力。小學教師們也應該加強自我改善的力道，積極參加教師培訓或增能活動，開創書面作業以外的動手實作或身體活動，幫

助學生體會出生活周遭處處可發現數學的蹤跡，如此才能使每個人一生最重要的數學教育沒有白白耗費時間與精力。

第 27 章
人工智慧的「名稱政治學」

　　汽車跑得快，不叫「人工馬」。飛機飛得高，不叫「人工鳥」。怎麼電腦本領大了，就要稱為「人工智慧」？

　　故事要由麥卡錫（John McCarthy）講起。麥卡錫早年就顯露很高的數學天賦，24 歲從普林斯頓大學拿到數學博士。他在萊夫謝茨（Solomon Lefschetz）指導下，寫了學位論文《射影算子與偏微分方程》（*Projection Operators and Partial Differential Equations*）。1955 年麥卡錫獲聘為達特茅斯學院（Dartmouth College）的助理教授，9 月向洛克菲勒基金會提出一份申請書，希望獲得「達特茅斯人工智慧夏季研究計畫」（Dartmouth Summer Research Project on Artificial Intelligence）的經費補助。計畫書裡出現的「人工智慧」（artificial intelligence）名稱，公認是麥卡錫首創的新詞。

學術研究也要行銷化

麥卡錫放棄微分方程轉往全新領域，其實有端倪可循。1952 年夏季，他到貝爾實驗室擔任大名鼎鼎香農的助理，協助香農編輯有關「自動機」的論文集。正是香農後來幫他跟洛克菲勒基金會牽線，也在申請經費補助時當共同提案人（雖然此事多被後人淡忘）。根據麥卡錫在紀念研討會 50 週年時回憶，舉辦這項活動的主要目的就是要「豎立鮮明旗幟」（nail the idea to the mast）。

研究計畫的主題沒有採用「自動機」，因為麥卡錫嫌香農太偏抽象數學理論。他也迴避使用另外一個熱門的名詞，就是維納發明的控制論。一方面嫌控制論研究對象還牽扯類比機制，另方面不願與好辯的大老交手。

為了想凸顯自己研究發展路徑的特色，麥卡錫拒絕重複別人用過的名稱，像「複雜訊息處理」、「機器智慧」等。他豎立的「人工智慧」這面鮮明旗幟，非常能激發人的想像，從而抓住人的眼球。命名要「性感」，可謂「名稱政治學」巧妙的第一步！

名稱雖「性感」，但是如何替內容圈出界線呢？麥卡錫在經費申請書裡開宗明義說：「從事本研究的基礎立足於以下的臆測：關於學習的每個方面，或者智慧的任何其他特徵，只要原則上能精確的給予描述，那麼就能使機器做出模擬。」所以

麥卡錫勾勒出的範圍幾乎是沒有範圍，因為一切都仰仗預設「只要原則上能精確的給予描述」須成立。似有還無的界線使得攻守兩宜，這是「名稱政治學」巧妙的第二步。

在著重商業行銷的美國，即使是學術領域的興衰，也經常與帶頭人的行銷技巧密切相關，由前兩步可看出麥卡錫顯然深得其中三昧。但是不管 1956 年夏季的研究活動多麼新穎，如果沒有研究基地、經費與人員的持續投入，新的學科也很難健康茁壯，這當兒麥卡錫剛好得到天時眷顧。在美國毫無預警的狀況下，1957 年 10 月蘇聯成功把斯普特尼克人造衛星放入太空。因為警覺到國家安全遭受嚴重威脅，美國把大量經費投入大學，積極推動強化國防的研究工作。

在達特茅斯經費申請書上排名第二的是明斯基（Marvin Minsky），1958 年他與麥卡錫都到了麻省理工學院。有一天他們倆在走廊上碰到部門主管，麥卡錫伺機向主管表示想成立人工智慧實驗室。當主管問他們需要什麼的時候，麥卡錫提出實驗室空間、一位祕書、一臺打卡機、兩位程式師。主管不僅馬上答應，還同時奉送他們六位研究生。原來新增經費多養了六位數學系研究生，主管不知該怎麼安排，索性叫他們去搞新花樣吧！

人工智慧號稱會產生機器自動翻譯，幫美國軍方閱讀蘇聯的各種文件，從而得到國防經費的長年挹注。其實自從冷戰時期開始，很多重要科技進展的研發經費，都直接或間接受到軍

方的支持。有效引起國防軍工當局的青睞，也是「名稱政治學」的重要竅門。

忽冷忽熱的對待

將新學科命名「人工智慧」是非常成功的策略，甚至可能有點過於成功，導致對於人工智慧產出的期望過高。當大量金錢投進研發，而成效達不到原先宣傳的願景時，熱潮就不可避免會衰減。人工智慧的發展有過幾回戲劇性的起伏，還歷經兩次所謂的「人工智慧的冬天」，到 1980 年代末幾十億美金的相關產業逐漸蕭條。人工智慧烏托邦的泡沫化，留下了「名稱政治學」辯證發展的軌跡。

自從 2016 年 AlphaGo 打敗圍棋高手李世乭之後，新一波人工智慧的浪頭簡直勢不可擋。2005 年數位時代預言家庫茲韋爾（Ray Kurzweil）在《奇點臨近》[1]書中曾說：「許多觀察家仍然認為人工智慧的冬天就是故事的終結，自此之後人工智慧就毫無創建了。其實今天成千上萬的人工智慧應用程式，已經深入包含在每種工業的基礎建設裡。」

為什麼這種類似「隱姓埋名」的策略會發生呢？道理就在於這些發展本來就是電腦該做的事，「人工智慧」標籤好用的時候就拿出來用，不好用的時候就打出其他招牌，像什麼「機器學習」、「以知識為基礎的系統」、「認知系統」、「智慧

系統」、「深度學習」，不一而足。

　　這一波人工智慧的振興，主因之一是克服大量增加類神經網路層次的難關。模擬神經網路的研究早已有之，但是明斯基與佩珀特（Seymour Papert）在 1969 年出版了影響力極大的《感知器》（*Perceptron*）一書，暴露了類神經網路處理非線性問題本質上的不足。所以今日人工智慧的核心方法，曾經被人工智慧領袖幾乎掃地出門。今昔對比，可說是「名稱政治學」裡借殼上市鹹魚翻身的一章。

　　現在飽受矚目的人工智慧應用，其實都是在特定範圍裡增廣人的能力，因此顯現超越人力的結果本應在預期之內。像涂林測驗所瞄準的不限範圍的機器智慧，目前距離最終目標還相當遙遠。我們預期當人們對各個領域五花八門的人工智慧產品習慣後，「人工智慧」在「名稱政治學」的場域裡，終將完成其階段性任務，從而退隱為歷史名詞。

第 28 章
百萬人數學

　　賀格本（Lancelot Hogben）是二十世紀的英國實驗動物學家及醫學統計學家，他早期以研究一種非洲青蛙著稱，甚至發展出使用青蛙檢驗婦女是否懷孕的方法。學術生涯中期則以攻擊優生學最為突出，到晚期已經獲選為皇家學會的會士，就不再顧忌當時學術界的風氣，轉去撰寫科學、數學與語言學的普及書籍。他在 1936 年出版了一本《百萬人數學》（*Mathematics for the Million*），成為非常暢銷的數學科普書，2017 年仍然能再版上市銷售。

非數學家寫的數學書

　　賀格本在《百萬人數學》序言裡聲明自己只是以關心教育

的普通公民身分寫這本書，也就是說這不是一本專業數學家寫的教科書。其次，他表明這本書的對象是那些在平常管道中學習數學，卻飽受挫敗而產生自卑情節的百萬大眾。所以他採取異於尋常的觀點與進路，只希望達到激起興趣與建立自信的目的。

《百萬人數學》顯然是一本成功的著作，以科幻著稱的英國小說家威爾斯（H. G. Wells）讚揚它是「一本了不起的書⋯⋯每位從 15 歲到 90 歲有頭腦的年輕人，想要搞清楚宇宙之事都該讀一讀。」，[1] 在亞馬遜（Amazon）販賣《百萬人數學》的網頁上徵引了愛因斯坦的話：「它使初等數學的內容活了起來」。1974 年菲爾茲獎得主芒福德（David Mumford）在 2015 年接受《美國科學家》（American Scientist）雜誌訪談，被問到會向一般讀者推薦哪一本數學書時，他回答：「吸引我進入數學的是賀格本的經典《百萬人數學》，它從未過時。」

其實，賀格本成功的要素正在於他不是純粹數學家，因此不受某些專業偏見所禁錮，可以瀟灑的把數學知識放進歷史與文化的脈絡來講述，而且盡量不脫離一般人的生活經驗。

非學數學不可？

被美國網站「學術影響」（AcademicInfluence.com）評選為 2010 年到 2020 年期間最具影響力的數學家德夫林（Keith

Devlin），在 2020 年 12 月的專欄文章裡也提到，[2] 因為閱讀賀格本的《百萬人數學》，促使他走上數學家的道路，並且以此書為寫作數學科普時效法的榜樣。不過他也承認賀格本的書名雖然起得搶眼，然而至少在英美數學書的銷量沒有達到百萬。

已經領會數學之美，以及願意迎向數學挑戰的人，也許很不情願承認，其實不管數學對於人類文明的貢獻如何巨大，它都不該是一項強迫學習的科目。「把數學搞成非學不可的科目，我們傷害到廣大數目的學生（真正是成百萬的學生），往往令他們終生對任何與數學沾邊的事都倒盡胃口。」德夫林指出一件好似吊詭的事實，便是教育制度既造成了百萬人學習數學，也造成了百萬人深惡痛絕數學。

德夫林現在鼓吹的觀點是設計真正能為百萬人服務的數學教育，他稱之為「數學思維」課程。他接受旅美中國數學教育學者馬立平的看法，認為算術是必不可少的基礎數學課，他也把基本的代數與幾何納入二十一世紀公民教育應該包含的內容。

除此之外，他特別強調資料科學（data science）的重要性，其中還包括演算法（algorithm）。以 2020 年新冠肺炎全球流行的歷史經驗為例，迫切需要公民有能力閱讀並理解各種數據資料（包括解讀圖表），從而推動設計「數學思維」課程的必要性。

現在遠比上世紀末更方便設計強調應用數據的課程，因為

在網路世界裡有許多效能強大、方便操作的軟體，既可以供數學研究使用，也可以協助數學教育進行，德夫林舉出 Wolfram Alpha 及 Desmos 為兩類代表性例證。

既然裝備了強大的軟體與網路工具，「數學思維」課程沒有必要耗費冗長的時間，讓學生演練程序性的計算題目。而應該從生活中尋找學生能體會的數學問題，會比較容易引起他們的關注，從而燃起深入暸解的興趣。

德夫林認為當今數學界的實踐，遠遠沒趕上計算科技的飛快進步。當這種落差隨著時間逐漸消除後，他相信數學教育會分化為兩條軌道：一條是在 15 歲左右之前共同的「百萬人的數學」，另一條是之後為真正對數學知識感興趣，或者將來在專業上需要較高等數學的學生，所設計的數學課程。

德夫林鼓吹的數學教育革新，與以往的各類改良其實有一項根本立場的差別。也就是總結大量離開學校的人的經驗，知道學校裡學習數學的經驗是痛苦的，日後生活中直接用到的數學知識是相當初等的，以及呼應當代資訊科技的教育思維應該取代工業裝配線式的呆板訓練。所以他主張對於大多數的人而言，其實在學校教育階段沒必要學那麼多數學。他這種看法也許會使很多正統數學家大感驚異，然而我以為這是應該正視的觀點。

德夫林雖然強調了資訊科技的工具有助於改良數學教育的方式，但是在他這篇專欄文章中，沒有觸及新式工具使得終身

學習變得方便的現象。因此對於數學不是特別感興趣的人，並不會讓他們的數學知識停格在「數學思維」課程的階段，以致剝奪了他們有朝一日能用到更多數學的機會。

在未來的網路世界裡，可以預期有更為豐富多樣化的數學教育內容，甚至不缺乏陪伴習作數學問題的自然人或人工智慧的教練。目前因為受時間限制，難以在課堂傳達給學生感受數學與文化、歷史、藝術各種其他知識的關連互動，都能夠在終身學習的歷程中，隨個人的需求適時獲取。

面對二十一世紀國際上競爭人才的劇烈形勢，中國大陸的數學界自然非常關注數學教育的狀況，有些令人尊敬的數學家已經把目光從超常教育或菁英人才的培養，移往面向廣大普通學生的數學教育。但是他們仍然強調數學教育的發展方向必須掌握在數學界，特別是對於數學教育界流露出頗為不信任的態度。

其實 1993 年 2 月 23 日吳文俊先生在一場數學家座談會上，就曾提醒過：「數學家談數學教育改革，不能只從培養數學家的角度來看問題。一萬人口中頂多有一、兩個數學家，不能用數學家的要求來指導中小學數學教學。我們常常以自己如何走上數學道路的經驗來判斷是非，那是不全面的。」[3]

我相信現在多數數學家應該在認知上，知道數學教育改革的目的並不在於培養更多的數學家。可是數學家與其他學科或者社會上實踐經驗的聯繫，稱不上非常暢通與充分。所以應該

以更為敞開的胸懷，掌握時代的動向與公民的意願，認真考慮類似德夫林的分流主張，莫讓絕大多數人都對數學心生恐懼，最終倒盡胃口。

第 29 章
數學能力與自閉症

　　1989 年《雨人》這部電影在奧斯卡影展上大放異彩，獲得最佳影片、最佳導演、最佳原創劇本，以及最佳男主角四個重量獎項。尤其男主角達斯汀·霍夫曼（Dustin Hoffman）雖然在戲裡話講得不多，但是通過肢體語言及眼神，生動的刻劃了看似與外在世界疏離，卻對數字有極強記憶力與運算能力的自閉症者。

　　2016 年中國大陸芒果台熱播了電視劇《解密》，由陳學冬扮演自閉症者容金珍，他對數字極為敏感與痴迷，能夠記憶非常複雜的算式，以及執行艱難的推理計算，但是自理生活的能力相當差，言語也不算順暢。所幸在機緣巧合的情況下，他被招募去破解超級密碼，顯現出遠非尋常人可比的特殊能耐。

　　《雨人》與《解密》的成功一方面矯正了一些對於自閉症

的誤解，但是也帶來另外一種副作用，就是認為自閉症者都會有某些超出常人的本領，特別是與數字相關的能力。到底數學能力與自閉症有沒有關連，其實是令人好奇值得探討的課題。

是不是有關連呢？

自閉症是一種發育或性格上的障礙，而不是一種疾病。通常從幼年時就表現出來，終生不會完全消除。目前專家理解自閉症並非單一症狀，而是一個連續的譜系，其中與數學能力相關的是所謂的亞斯伯格綜合症（Asperger syndrome）。此綜合症的外在行為可區分出六類特徵：人際交往困難、專注於狹隘的興趣、反復做一套事、特別的言談方式、非語言的溝通有障礙、舉止笨拙。

亞斯伯格（Hans Asperger）是奧地利維也納的兒科醫師，他自 1944 年博士論文開始對兒童心智障礙作長期研究，但是他的貢獻直到身後才得到比較廣泛的認可。亞斯伯格記述的症狀前人也曾提過，但是與數學才能的關連卻是他的發現。他曾說：「令我們驚異的是只要自閉的人智力上沒有受損，幾乎都能夠在事業上獲得成功，經常是在高度專業化的學術行業裡，達到高級職位並且傾向於抽象的工作內容。我們找到數量眾多的人，他們的數學能力決定了他們的職業，像是數學家、技術專家、化工師、高階公務人員。」[1]

　　為什麼這些人的數學能力比較突出呢？他也提出可能的解釋：「要想在科學或藝術上成功，有那麼點自閉好像很是必要的。成功的要素須有能力與日常世界有所脫離，擺開單純的實務，以原創力重新思考問題，從而開闢人跡未到的新路徑，全力拓展一種專長的管道。」[2]

　　針對智力正常的人，如何分析他是否有自閉的徵兆，英國劍橋大學自閉症研究中心的巴倫－科恩（Simon Baron-Cohen）發展出一種簡單且易於自我操作的問卷，用以反映受試者在自閉症連續譜系上的位置。問卷共包含 50 個簡短問題，評估的區塊包括五類：社交技術、注意力轉換、對細節的注意、溝通力、想像力。受試者所得計分在 0 到 50 之間，稱為自閉症譜系商數（Autism-Spectrum Quotient，簡稱 AQ）。

　　在 2001 年發表的論文中，[3] 巴倫－科恩的團隊針對四組研究對象作了調查。第一組是 58 位亞斯伯格症者，第二組是 174 位隨機挑選的對照組，第三組是 840 位劍橋大學的學生，第四組是 16 位英國奧數獲獎者。亞斯伯格症者那組的平均得分是 35.8，遠高於對照組的平均 16.4。前者有 80% 以上至少得到 32 分，而後者只有 2%。劍橋大學生那組與對照組沒什麼差異，但是學科學的（包括學數學的）顯著高於人文與社會科學的學生，並且在主修科學的學生裡，學數學的得分最高。另外英國奧數獲獎者的得分又顯著高過劍橋學人文的男生。

　　巴倫－科恩還發展了「重同理心／重系統化」的二元理

論，描述女性與男性大腦的差異性，而亞斯伯格症可歸納為極端的男性大腦，也就是極端重系統化的大腦。

此處所謂「重同理心」是指一種傾向，可以感同身受別人的情緒與思想，並且以合宜的方式加以回應。「重系統化」則是指另外一種傾向，企圖分析系統裡的變數，推導出控制系統的潛在規律。「重系統化」也包括建構系統的傾向，從而預測系統的行為，並且加以控制。

因為數學是各種學科裡最富於系統化傾向的一種，所以巴倫－科恩的團隊想檢驗重系統化與自閉症的關連性時，就很自然想到挑選數學系的學生做為研究對象。

巴倫－科恩的團隊找了劍橋大學 792 位大學部學生做調查，其中 378 位是數學系的，而控制組的 414 位分屬多個學系（包括醫學、法律、社會科學）。以性別比例來看，數學組有 280 位男性及 98 位女性（即 74.1% 為男性），對照組則有 163 位男性及 251 位女性（即 39.4% 為男性），性別的比例是有顯著的差異。兩組在年齡及家長職業方面都相當。每位受調查者都需回答以下兩個問題：（1）你有沒有被正式診斷歸類為自閉症譜系中的一種？（2）除你本身之外，你的血緣雙親與兄弟姊妹有沒有被正式診斷歸類為自閉症譜系中的一種？

問卷調查的結果在數學組裡有 7 個獨立的自閉症例證（即 1.85%），而對照組裡只有一個例證（即 0.24%），表現出來顯著的差異。在近親是否有自閉症的調查中，數學組的比例是

0.5%，而對照組是 0.1%，也有顯著的差異。這項研究獲得兩個結論：（1）偏重系統化的才能會增加發展出某種型態自閉症的可能性；（2）數學才能與自閉症的任何關連性反映了遺傳因素。[4]

數學給予的安定感

　　巴倫－科恩及其他類似的研究，雖然肯定在數學家群體裡有亞斯伯格症的機會大於其他專業群體，但是絕對不要誤解為數學家都有亞斯伯格症，或者亞斯伯格症的人會像電影、電視劇演的那樣都擅長數學。當然，另外讓人好奇的問題是，歷史上哪些有名的數學家是亞斯伯格症者？其實亞斯伯格症的診斷並不是一件簡單容易的事，必須有專業心理醫師直接接觸觀察評估。

　　對於歷史上的著名數學家，只能從他們的可靠而詳盡的傳記中，去尋求符合亞斯伯格症的徵兆，去做一個合理且可信度較高的推斷而已。經過一些人的爬網去蒐集與分析資料，發現具有不只一項亞斯伯格症徵兆的數學家包括：艾狄胥、費雪（Ronald Fisher）、哈代、拉馬努金、涂林、韋伊（André Weil）、維納。[5] 我認為還有不少人有資格做為分析的對象，特別突出的例子應該包括重建代數幾何基礎的格羅滕迪克（Alexander Grothendieck），以及解決了龐加萊猜想的佩雷爾曼

（Grigory Perelman）。

　　牛頓、愛因斯坦、狄拉克通常都歸類為物理學家，其實他們有發明新的數學理論或者使用相當尖端與高深的數學，所以他們應該具備等同於數學家的特質，而他們也確實都有亞斯伯格症的徵兆。

　　牛頓可能是最早文獻裡記載有自閉現象的科學家。牛頓非常難相處，學生都不願意聽他講課，可是他多年來仍然堅持對著空蕩蕩的教室講一段時間。他又特別專心於自己的思考與工作，有時候客人來訪，他到別的房間取東西時，半路想起正在研究的問題，就會完全忘記客人的存在。他還經常夜以繼日工作，甚至連續幾頓飯都忘記吃。有人問他如何產生萬有引力的理論，他回答說：「純粹是靠專心與奉獻精神。我持續把問題放在面前，直到第一道曙光露頭，一點一點慢慢的展現了光明。」[6]

　　詹姆斯（Ioan James）退休前曾經是牛津大學幾何學講座教授，多年來提醒大家認識自閉症與數學能力的關連性，他從愛爾蘭心理醫師朋友費茲傑羅（Michael Fitzgerald）處得知，在看過的自閉症者裡，無論算不算有亞斯伯格症，幾乎都對數學感興趣。

　　費茲傑羅認為自閉症者所經驗的外在世界，特別是與社會生活相關的部分，會讓他們感覺混亂無序，從而帶來困惑與不安。但是數學是一個理性有秩序的世界，自閉症者從數學裡獲

取的有序穩定感，正好補償了他們對於人世間的神祕不解。這套說法相當程度說明自閉症與數學才能有顯著關連的理由。

人們對於自閉症，以及亞斯伯格症的研究年代還不夠長，很多現象值得記錄與分析，進而建立合宜的理論體系。然而即使以目前已經知道的資訊而言，已經足夠教育界加以注意，對於有這些心理跡象的學生加強辨識與輔導工作。特別是對於已經在數學才能上流露端倪的人，更不應該把他們壓縮在考試文化的既有教育環境中，否則會造成多麼大的損失。

第 30 章
數學教育家反擊數學家的霸淩

　　2020 年 12 月初，出版社寄給我一本英文書的翻譯稿本，請我看看這本書的內容，可否寫一段推薦文。那本書的名字是《大腦解鎖》（*Limitless Mind: Learn, Lead, and Live Without Barriers*），[1] 作者是美國史丹佛大學教育研究所講座教授波勒（Jo Boaler）。近年來她將史丹佛大學心理學講座教授德維克（Carol Dweck）發展出的「成長型思維」理論，應用到數學教育領域，並且做了一些實證研究，頗為受人注意與肯定。我雖然聽聞過這些消息，但是還沒有真正讀過波勒的書，現在有人請我推薦，正好乘機拜讀一番。

數學教育裡的均等機會

波勒發展的教育理論是以當代腦科學的研究成果為基礎，特別是大腦可塑性，或稱神經可塑性（neuroplasticity），也就是說人的學習能力並不完全由遺傳（或說基因）所決定。她在書中提供了六把學習金鑰匙：

第一把金鑰匙是：學習會形成、強化或連結大腦中的神經路徑，因此我們一直在成長的路上，不要再對學習能力抱持固定型思維。

第二把金鑰匙是：當我們掙扎並且犯錯時，正是大腦成長的最佳時機。

第三把金鑰匙是：當我們改變了自己的信念，身體與大腦的生理也會跟著改變。

第四把金鑰匙是：以多元的路徑思考，會使神經通道與學習都達到優化。

第五把金鑰匙是：思想速度不是衡量能力的尺度。當我們以創造性與靈活性處理概念與生活時，才是最佳的學習。

第六把金鑰匙是：接觸各種人與觀念可強化神經路徑與學習成效。

這套以「成長型思維」為骨幹思想的數學教育方法，要說

服大家大腦不是天生就分成「能」與「不能」學習數學的兩種固定類型。只要維持信心，不畏懼失敗，最後都會得到成功的回報。這對於外在環境弱勢，以及女性學生更具有積極的意義。因此波勒在追求數學教育機會均等方面，尤其做出受國際矚目的成績。

波勒這本書頁數不算多，我很快就讀完了。她提供印證理論的實例，也都相當有啟發性與說服力。我蠻喜歡波勒的書，因此寫下推薦語：「作者從認知科學成果鑄造出的六把金鑰，有力的破解了學習數學時的迷思。其實大腦在克服困難與糾正錯誤中會持續發展，而那些降低學習數學障礙的方法，也適合用來處理生活上的難題。本書值得所有學生、老師、家長仔細閱讀。」之後，我對波勒的學術背景產生進一步瞭解的興趣。

波勒原籍英國，先在倫敦擔任中學老師，然後才去攻讀教育學的學位。1997 年她從倫敦國王學院獲得博士，論文還得到英國教育研究協會的最佳論文獎。1998 年她應聘去史丹佛大學擔任助理教授，到 2006 年升為正教授。2007 年她返回英國，擔任居里夫人基金會講座教授。2010 年重回史丹佛大學任數學教育教授。她在 2000 年得到美國國家科學基金會為期四年的支助，研究三所高中裡不同數學教學方式，對於學生學習成效的差異。其中一類算是傳統的教學法，也就是老師講述既定的教材，學生只是被動的練習。另一類算是改良法，老師導引學生主動積極參與解題及推理。

波勒最重要的研究成果，就是改良法教出的學生學到的更多，而且更喜歡學數學。波勒的結果也許是很多人所樂見與期望的，但是她是真正通過實證程序獲得結論，因此有更強的說服力。

除此之外，波勒的研究還關注到數學教育裡的性別平等問題，以及依照能力分班所產生的不良後果。近年來，她研究思維方式與偏見對教育的影響。一般人對數學的抗拒與天生資質無關，所謂「數學腦袋」其實是一個害人的迷思。波勒在 2016 年出版的著作《幫孩子找到自信的成長型數學思維》（*Mathematical Mindsets. Unleashing Students' Potential through Creative Math*）闡述了她的研究成果，是一本暢銷的書籍。[2]

道不同不相為謀

從以上各方面看來，波勒應該是備受推崇的數學教育家。但是當我察看史丹佛大學教育研究所波勒的個人網頁時，讓我很感覺意外的是在頁面最下方左邊，有這麼一段文字：「波勒揭發遭受米爾格蘭姆與畢夏普的攻擊。」然後連結到一篇文章：〈當學術上的不同意見變為騷擾與迫害〉（When academic disagreement becomes harassment and persecution）。

這篇 2012 年 10 月公布的文章，開宗明義這麼說：「良好學術工作的核心包括真誠的學術論辯。然而假借學術自由之

名,卻扭曲真理以提升自我地位並且汙衊他人的證據,那會造成何種後果呢?多年來我飽受智性的迫害,終於決定是時候把細節揭發出來。」這樣在學校官網上公開指控米爾格蘭姆(James Milgram)與畢夏普(Wayne Bishop)涉及學術迫害,實在非比尋常。

被控的兩位人士又是何方神聖呢?米爾格蘭姆是史丹佛大學數學系的退休教授,專長在代數拓撲學,擔任過一流數學期刊的編輯。1974 年曾在溫哥華召開的國際數學家大會發表邀請演講,訪問過世界上多所知名學府,所以無可置疑他在數學專業上有一定的學術地位。此外,他對於中小學的數學教育特別關心,給好幾個州做過數學教育顧問,參與加州數學標準的制定。

至於畢夏普則是加州州立大學洛杉磯分校數學系教授,專長是代數學,但長期在數學教育界非常活躍,也曾參與以前加州中小學數學標準的制定。

米爾格蘭姆與畢夏普強調數學教育的嚴格性,以及反對把中學教材內容減少或過度簡化。

近年美國多數州都接受《各州共同核心標準》,一般人認為在嚴格性方面有所改進,但是米爾格蘭姆與畢夏普對此標準批評相當嚴厲,因此就被歸為數學教育的「傳統派」。他們對於波勒這批「改革派」自然難以苟同。

波勒指控米爾格蘭姆與畢夏普霸凌的多種事項裡,最主要

的部分涉及 2000 年國家科學基金會支助的四年期研究專案。
從一開始，畢夏普就在支持他的群眾裡宣傳，做為波勒研究對
象的學校根本不存在，而是編造出來的。目的是為了打擊波勒
研究成果的信譽，防止她的學說產生影響力。到 2005 年波勒
的初步研究報告出爐，證實主動參與愈多的學生，數學學習的
成效也愈好。

2006 年米爾格蘭姆就開始宣稱波勒有學術不軌行為，如
果坐實的話，波勒的學術生涯就會徹底毀滅。史丹佛大學因此
組織了一個調查委員會，針對米爾格蘭姆關於國家科學基金會
補助計畫的指控詳加檢討。結果認定並無違規事實，從而終止
調查委員會的任務。米爾格蘭姆在史丹佛大學內部打擊波勒沒
有得逞，就聯合畢夏普在公開場域追剿波勒。

涉及人身的研究有一定的學術倫理規範。波勒不能披露所
研究的學校、參與學生與老師的資料。因此面對指控編造研究
對象，卻在法律的約束下，無法公布研究計畫執行的具體情
形。畢夏普靠他在數學教育界的廣大人脈，四處去個別學校打
聽是否參與了波勒的研究計畫，使用不專業、威脅性、帶著有
色眼鏡的偏見語言，甚至揚言要走法律途徑迫使別人公開應該
保密的資訊。

2006 年米爾格蘭姆在自己的網頁上掛出與畢夏普合作的
論文，宣稱他們已經能辨識波勒研究的對象，並且針對那些學
校與學生發出貶抑的言詞。同時他們強烈質疑波勒有學術不端

的行為。這篇論文除了一直掛在米爾格蘭姆的網頁，從未經過同儕審查而刊印在正式的學術期刊上。但是從此成為那幫攻擊波勒的人的立論根據。波勒四處應邀講學，就有人散布她的研究成果不可靠的負面意見，而舉證的材料都是這份網上非正式文獻。波勒辯不勝辯，乾脆在自己網頁上公開受兩位前輩霸凌的來龍去脈。

其實美國的數學教育論爭多年來都不曾完全停息。1957年蘇聯的衛星上天，使美國人大感震驚，為了怕喪失軍事上的領先地位，美國需要趕緊培養科技人員，於是興起「新數學」的教改運動。「新數學」非常強調數學的抽象與形式結構，引進「集合」的語言來表達數學的內容，結果搞得老師、學生、家長都人仰馬翻，產生很大的學習障礙。

到了 1970 年代，改革的鐘擺又盪回所謂「回歸基本」運動，再次強調熟練計算的重要性。但是美國中小學的數學教育每況愈下，1983 年一份官方報告《危機中的國家：教育改革的迫切性》，承認教育系統失衡，教育水準低落，呼籲發起新的教育改革。

為了回應這種需求，美國最大的數學教師團體「全國數學教師協會」在 1989 年公布了新課程標準。開始時受到相當的歡迎，但當廣泛實施新標準的教學後，缺點就逐漸浮現。以最早採納新標準的加州為例，五年之間於全國測驗的排名落到第48 名。甚至加州高科技公司表示，甄選不到合格的本州生來

就職。

　　從此加州數學家與科學家的家長聯合挑起「數學戰爭」，風雲激蕩美國教育系統好多年。1997 年加州任命數學家撰寫新課程標準，1998 年就立法引入所有學校。這一波波的變革一直延續到目前的《各州共同核心標準》，總是伴隨熱烈論爭。

　　這一系列的數學教育攻防中，經常可見數學家與數學教育家分屬兩個有些對立的陣營。不少數學家認為搞數學教育的在養成階段，根本沒學過多少數學，由他們主導設計的課程標準往往深度不夠，學生到大學有銜接上的困難，從而拖累大學跟著降低水準。

　　數學教育家則比較更關心一般人在學校學習數學的痛苦經驗，認為在教學方法上可以謀求與傳統不一樣的改進，讓學生不要過早放棄數學。但是他們所做的改良，又不免被參與編制課程標準的數學家譏諷為淺陋或邏輯性不足。

　　其實中外都有類似情形，數學家很容易流露出看輕數學教育家的態度。波勒披露的反霸凌事件中，似乎也無法完全掩飾這種氣息。但是值得深思而沒有簡易解答的問題是，中小學數學教育的綱領與教法真的該由數學家們，特別是純數學家們決定嗎？

後記

　　宣揚數學文化歸屬於科學普及活動方式之一，也是我特別有使命感的人生任務。我感覺數學家推廣數學科普，應似傳教士傳播福音一樣，懷抱著熱情把天地間數學的真理說給人聽。其實不限於數學科普，我對於一般科學的普及活動也都相當感興趣。

　　在大學畢業服兵役期間，受到留美學生創辦《科學月刊》的熱情感招，我曾翻譯過一篇美國《新聞週刊》關於天文觀察的報導，刊登於 1971 年 7 月的《科學月刊》。自那時起至今，我通過寫作、翻譯、演講、協助出版、參與社團的多元活動，一直把普及科學當做正業之外，最投入精力與時間的嗜好。在本書結尾處，我想超越數學科普，向讀者交代一下我對於一般科普寫作與閱讀的看法。

　　我書架上有本神經科學家拉瑪錢德朗（V. S. Ramachandran）的《尋找腦中幻影》（*Phantoms in the Brain*），此書序言十分精采。拉瑪錢德朗提醒我們，科普寫作其實有可貴的傳統，至少可以上溯到伽利略。伽利略為了傳播他的觀念，常走出學院直接訴求於一般讀者。

　　十九世紀達爾文的重要著作，如《物種起源》（*On the Origin of Species by Means of Natural Selection, or the Preservation of Favoured Races in the Struggle for Life*）、《人類起源》（*The Descent of Man, and Selection in Relation to Sex*）、《人類與動物的感情表達》（*The Expression of Emotions in Man and Animals*），也都是在出版商敦促下，為普通讀者所寫的書。其他維多利亞時代的科學家，諸如戴維（Humphry Davy）、法拉第（Michael Faraday）、赫胥黎等，也都有類似的經驗。1848 年法拉第對少年的公開演講，最終拓展為科普經典《一根蠟燭的化學歷史》（*The Chemical History of a Candle*）。他在皇家研究院建立的「聖誕演講」傳統一直延續至今，獲請主講的科學家都認為是很大的榮譽。

　　二十世紀英語科普名家輩出，早期如加莫夫（George Gamow）、湯瑪斯（Lewis Thomas）、梅達瓦（Peter Medawar）。最近這三、四十年更是科普當道的時期，像薩克斯（Oliver Sacks）、古爾德（Stephen Jay Gould）、薩根（Carl Sagan）、戴森這些科普暢銷書的作者，都成了耳熟能詳的名字。通過科

普書籍的宣傳，費曼儼然成為科學界的搖滾明星，而「混沌」正如「蝴蝶效應」描述的風暴，從一篇數學小論文的題目，逐漸浸潤到廣泛的思維空間。

在科普的光榮傳統下，頂尖科學家通過科普著作會激發出下一代的頂尖科學家。正如克里克（Francis Crick）所說，量子力學大師薛丁格（Erwin Schrödinger）在《生命是什麼？》（*What Is Life?*）小冊子裡，對於遺傳的基礎是否建立在一些化學物質上的揣測，深深影響了自己的求知路線，最終激勵他與華生（James Watson）共同解開 DNA 結構之謎。然而千百萬科普讀者中，最後能攀上科學高峰的人，畢竟是少數中的少數，為什麼還是有那麼多科學家，或者甚至非科學家，不斷湧入科普寫作的行列呢？

《聖經》的〈創世紀〉裡記載，挪亞的後裔建造一座城池，又在城裡蓋高塔。上帝怕他們講同一種話，聯合以後會為所欲為，就把他們的語言攪亂，再把他們分散到世界各地。

這則巴別塔的故事常給我一種連帶的感想，人類嘗試理解宇宙奧祕的努力，何嘗不像是要建立一座高塔？最初人類的知識範圍還相當有局限，智者哲人幾乎可以通曉一切學問。但是這種知識發展的趨勢，似乎讓上帝疑慮人類真的會破解他的最高機密，不僅像〈創世紀〉所說攪亂了人類的語言，同時更使學科與學科之間經常雞同鴨講。一門學問做為理所當然的基礎預設，另一門學問有可能拿來大肆檢討。一類學者認為是繁瑣

不切實際的精確性，另一類學者卻以為是建立可靠知識的基本要件。

在這種大環境中，我們常常聽到一些揶揄學者間基本態度差異的笑話，像是數學家嘲笑物理學家邏輯不夠周延，物理學家挖苦工程師粗枝大葉，而工程師又諷刺數學家脫離現實。

其實認真想想，人類要建立客觀的知識，沒有一些思想的框架是不行的。但是在一定範圍裡獲得成功，就很容易把框架絕對化，開始用同一副眼鏡去看其他知識圈裡的活動。結果有時候看得順眼，有時候卻完全不對脾胃。倘若彼此之間能加強語言的溝通，並且體認框架的暫時性，恐怕很多學科間的戰爭，或者相互的鄙夷，便可以消弭一定的程度。

科普所分享的知識視野

拉瑪錢德朗說自己寫科普書的動機有二：一方面是近年神經科學的發展太令人興奮了，「人性的自然傾向就會想跟別人分享你的觀念。」另方面他對納稅人有一分責任，因為他的研究經費都得自國家健康研究院的補助。

「分享」應該是科普寫作的一項極重要動機，也是知識巴別塔垮掉後，科學家想走出自己小圈圈的必要途徑。就像不同自然語言間的翻譯，也會有難以完全傳神的情況發生，通過科普傳達出的專業知識，不可避免會產生某種程度的「失真」。

然而精準度的損失，可說是跨越知識藩籬時無法逃避的代價。

從閱讀者的角度來看，「分享」的作用在拓展知識的視野。這種作用的需求性在臺灣更為迫切，因為在升學壓力之下中學教育過早分流，使得學人文、社會科學的學生自然科學素養不足，而學自然科學的學生人文陶冶欠佳。即使都是學習科學的學生，因為科學教育以準備升學的背誦功夫為重，日後很快就把自己專門學科以外的科學知識，回歸到一般大眾的低下水準。

有位同事告訴我，他在國外聽公共衛生教授演講，所運用的數學工具相當不簡單，讓他印象深刻。反觀我們的數學教授，有多少能對目前生命科學如何應用數學有相當的認識呢？

諸如此類的比較，讓我們擔心科學家知識幅員的狹隘，愈發促成各個學科堡壘的建立，以有限的人力與智力黨同伐異，而不能相互欣賞鼓勵。因此不論是從事的工作是否與科學相關，不斷閱讀科普著作，至少對人類認識客觀世界的現況，有一幅接近真實的圖像，不僅豐富自己的精神面貌，有時候這些知識還真的能派上些用場呢！

拉瑪錢德朗所謂對納稅人有一分責任，也就是英文說的accountability 問題。出錢的就是頭家，所以就是要向頭家「有交代」。但是大部分的頭家根本不懂學術期刊裡的專業論文，因此科普著作成為一種溝通訊息的載具，讓願意花時間瞭解的納稅人，有機會做一番鳥瞰。

　　當然從閱讀科普的角度來看，如果你不願意放棄做頭家該有的權益，而你生存的社會又有相當成熟的科普寫作市場，自然經常閱讀科普著作得來的背景知識，可以協助你監督科技政策的選擇與走向。

不只交代，還要負責任

　　科技對世界影響愈來愈巨大的當今，光是「有交代」還嫌不足。1999 年 11 月 19 日美國權威雜誌《科學》的社論，是由諾貝爾物理獎得主羅特布拉特（Joseph Rotblat）執筆。他特別強調「負責任」，也就是說科學家不應再持有「為科學而科學」、「科學中立」，或「誤用科學不是科學家的責任」的象牙塔心態。他認為這類看似不涉及道德評價的觀點，其實是不道德的，因為它們在替個人行為的後果脫卸責任。因此「有交代」可說是消極的表示你的錢我沒糟蹋，但「負責任」是還沒花錢就要保證不會亂搞。

　　除了建議國家學術院、專業學會等訂定倫理守則外，羅特布拉特強調對於進入科學生涯的新手，一定要讓他們明瞭自己的社會與道德責任。他認為可以仿照醫學院畢業生的誓詞，也應該有一種學習科學的學生宣示。雖然象徵的意味為重，仍會刺激青年科學家反省工作造成的後果。羅特布拉特非常喜歡的一段誓詞如下：

我承諾為創造更美好的世界而工作，科學與技術的使用將負起更大的社會責任。我不會有意把我所受的教育，用到危害人類或環境的目的上。在我的生涯裡，凡是實際行動前，我會考慮工作所造成的倫理方面的後果。即使我將來遭受巨大壓力，今天我簽署這項誓詞，表示我承認只有個人負起責任才是通往和平的第一步。

像文學一樣欣賞科普

科普書籍因為是講故事，比拿出一堆專業論文，更能透露知識發展過程的人文景觀。不僅是因為書中描述科學家或者他們的群體的生態面貌，甚至作者講述這個故事的立場、角度，都自覺或不自覺的流露出他對責任問題的交代。譬如有些女性科學家傳記或社會生物學名家著作的翻譯，因為選詞不夠精準，或者註解及參考文獻的省略，都引人質疑譯者是否扭曲或抹殺了重要的思想訊息。總而言之，科普寫作與閱讀是檢討科技「有交代」、「負責任」的有效管道。

科學其實也有它的文學屬性。一講到文學，大家很可能只想到詩、散文、小說、戲劇等文體。但是不要忘記羅素因為廣泛的著作、邱吉爾因為書寫歷史書籍，都拿過諾貝爾文學獎。科普其實是科學的文學面向，像薩根、古爾德、戴森等人的文筆，絕對不亞於一般的文學作家。而且他們引經據典的功力，

可以看得出在人文上的學養也屬上乘。

假如一位科學家有良好的人文素養，除了專業研究成果外，他還想表達一些思想與關懷，那麼科普寫作就自然成為最順理成章的途徑。特別是在科學專業論文中，一般是忌諱做太多的揣測，也就是英文裡的 speculation，而科普著作就成為宣洩的渠道。

雖然把科學家的工作描述成「純屬揣測」，是帶有不敬的意味，然而拉瑪錢德朗還是強調了揣測的重要性。他引用了梅達瓦的話：「一個富於想像力揣測什麼可能會是對的概念，是科學裡所有偉大發現的起點。」即使揣測的結果是錯誤的，有時也會發揮正面的作用。

達爾文曾說：「錯誤的事實因為持續長久，對科學進步有高度的傷害性，但是錯誤的假設卻沒有什麼危害，因為大家都很高興能證明它是錯的。一旦做到這一步，一條通往錯誤的路便被封死，而常常一條通往真理的路就此打開。」科學的發展是在勇敢揣測與健康存疑之間保持航道，因此雖然有冷融合的烏龍事件，但也有讓專家跌破眼鏡的重要發現，例如胃潰瘍其實是由螺旋桿菌所造成。

閱讀科普推想未來的景觀，經常也是一種讓人想像飛躍的解放經驗。這種寫作的風格雖然還沒有到達科幻的地步，但是它所提供的虛擬空間，卻有強過虛構文學的真實性。目前科普的文學價值，似乎還沒有得到應有的，以及足夠的體認與重

視。當科普閱讀為科普寫作提出分享、負責與欣賞的動機時，社會更應供給適當的養分，才能讓這株文化的樹苗茁壯，開出美麗的花朵，結出豐碩的果實。

注釋

前言

1 https://plato.stanford.edu/entries/culture/

2 https://plato.stanford.edu/entries/culture-cogsci/

3 譯自 Galileo Galilei, *Il Saggiatore*, as translated by Stillman Drake, *Discoveries and Opinions of Galileo*, 1957, pp. 237-238, via https://en.wikipedia.org/wiki/The_Assayer

4 原文為：If a man does not keep pace with his companions, perhaps it is because he hears a different drummer.

5 原文為：Two roads diverged in a wood, and I –
I took the one less traveled by
And that has made all the difference.

第 1 章

1 David Hilbert, "Mathematical Problems," *Bulletin of the American Mathematical Society*, vol. 8, no. 10 (July 1902), p. 445.

2　Andrew Hodges, *Alan Turing: The Enigma*, London: Walker Books, 2000, p. 93.

3　Henri Poincaré, *Science and Method*, Edinburgh: Thomas Nelson and Sons, 1900, p. 147.

4　Andrew Hodges, *Alan Turing: The Enigma*, London: Walker Books, 2000, p. 96.

5　Martin Davis, *The Universal Computer: The Road from Leibniz to Turing*, New York: W. W. Norton, 2000, pp. 164-165.

6　Martin Davis, *The Universal Computer: The Road from Leibniz to Turing*, New York: W. W. Norton, 2000, p. 140.

7　B. Jack Copeland ed., *The Essential Turing*, New York: Oxford University Press, 2004, p. 433.

8　原文為：The law kills but the spirit gives life.

第 2 章

1　關於布爾的權威傳記可參看：Des MacHale, *The Life and Work of George Boole: A Prelude to the Digital Age* (new edition), Cork: Cork University Press, 2014.

2　譯自 Gottfried Wilhelm Leibniz, *Leibniz: Selections*, P. P. Wiener (Ed. Trans.), New York: Scribner, 1951, p. 51, via https://en.wikipedia.org/wiki/Gottfried_Wilhelm_Leibniz

3　引自 Mary Mulvihill, "How George Boole gave birth to 'pure mathematics'," https://www.irishtimes.com/news/science/how-george-boole-gave-birth-to-pure-mathematics-1.2025878

4　圖片可參 https://en.wikipedia.org/wiki/George_Boole

5　有關布爾夫人及她女兒的事蹟可參看：Moira Chas, "The Extraordinary Case of the Boole Family," *Notices of the American Mathematical Society*, vol. 66, no. 11 (December 2019), pp. 1853-1866.

6　https://writings.stephenwolfram.com/2015/11/george-boole-a-200-year-view/

第 3 章

1 可參看 Gualtiero Piccinini, "The First Computational Theory of Mind and Brain: A Close Look at Mcculloch and Pitts's Logical Calculus of Ideas Immanent in Nervous Activity," *Synthese*, vol. 141, (August 2004), pp. 175-215.

2 本句及後續引言多引自 Amanda Gefter, "The Man Who Tried to Redeem the World with Logic," http://nautil.us/issue/21/information/the-man-who-tried-to-redeem-the-world-with-logic

第 4 章

1 Bruce C. Berndt and Robert A. Rankin eds., *Ramanujan: Letters and Commentary*, Providence: American Mathemataical Society, 1995, pp. 21-22.

2 Bruce C. Berndt and Robert A. Rankin eds., *Ramanujan: Letters and Commentary*, Providence: American Mathemataical Society, 1995, p. 54.

3 Bruce C. Berndt and Robert A. Rankin eds., *Ramanujan: Letters and Commentary*, Providence: American Mathemataical Society, 1995, p. 77.

4 Bruce C. Berndt and Robert A. Rankin eds., *Ramanujan: Letters and Commentary*, Providence: American Mathemataical Society, 1995, p. 81.

5 Bruce C. Berndt and Robert A. Rankin eds., *Ramanujan: Letters and Commentary*, Providence: American Mathemataical Society, 1995, p. 89.

6 R. A. Rankin, "Ramanujan as a Patient," *Proceedings of Indian Academy of Sciences (Mathematical Science)*, vol. 93, nos. 2 & 3 (December 1984), p. 90.

7 R. A. Rankin, "Ramanujan as a Patient," *Proceedings of Indian Academy of Sciences (Mathematical Science)*, vol. 93, nos. 2 & 3 (December 1984), p. 93.

8 Bruce C. Berndt and Robert A. Rankin eds., *Ramanujan: Essays and*

Surveys, Providence: American Mathemataical Society, 2001, pp. 83-84.

第 5 章

1 Freeman Dyson, "Birds and Frogs," *Notices of the American Mathematical Society*, vol. 56, no. 2, (February 2009), pp. 212-223.

2 戴森著、邱顯正譯：《宇宙波瀾》，臺北：天下文化，1993。

3 引自林開亮：〈戴森傳奇〉，https://zhuanlan.zhihu.com/p/110150961

4 江才健：《一生必修的科學思辨課》，臺北：天下文化，2021 年，第 158 頁。

第 7 章

1 Iain McLean and Fiona Hewitt, *Condorcet: Foundations of Social Choice and Political Theory*, Northampton: Edward Elgar Publishing, 1994 封底。

2 此書在孔多塞身後的 1805 年出版第二版，內容增加甚多，書名改為 *Éléments du calcul des probabilités, et son application aux jeux de hasard, à la loterie et aux jugements des hommes*。

3 引自 Jordan Ellenberg, *How Not to Be Wrong: The Power of Mathematical Thinking*, New York: Penguin, 2014, p. 387.

第 8 章

1 G. Sarton, *Introduction to the History of Science*, New York: Krieger Publishing, 1975, p. 2.，譯文採自：紀志剛、郭圓圓、呂鵬：《西去東來──沿絲綢之路數學知識的傳播與交流》，南京：江蘇人民出版社，2018 年，第 254 頁。

2 紀志剛、郭圓圓、呂鵬：《西去東來──沿絲綢之路數學知識的傳播與交流》，南京：江蘇人民出版社，2018 年，第 268-269 頁。

3　以現代符號重述本題，可參見郭書春：《《九章算術》譯注》，上海：上海古籍出版社，2009 年，第 341-342 頁。

4　Martin Campbell-Kelly, William Aspray, Nathan Ensmenger, Jeffrey R. Yost, *Computer: A History of the Information Machine*, 3rd Edition, Boulder: Westview Press, 2014, p. 44.

5　Martin Davis, *The Universal Computer: The Road from Leibniz to Turing*, New York: W. W. Norton, 2000, pp. 164-165.

第 9 章

1　劉鈍：〈若干明清筆記中的數學史料〉，《中國科技史料》，第 10 卷，1989 年第 4 期，第 49-56 頁。

2　郭正誼：〈關於七巧圖及其他〉，《中國科技史料》，第 11 卷，1990 年第 3 期，第 93-95 頁。

第 10 章

1　William Dunham, "A Note on the Origin of the Twin Prime Conjecture," *Notices of the ICCM*, vol. 1, no. 1 (July 2013), pp. 63-65.

2　韓琦：〈李善蘭 " 中國定理 " 之由來及其反響〉，《自然科學史研究》，第 18 卷第 1 期，1999 年，第 7-13 頁。

第 11 章

1　俞曉群：《古數鉤沉》，北京：北京師範大學出版社，1993 年，第 146 頁。

2　Thomas Heath tr., *The Thirteen Books of Euclid's Elements*, Volume II, New York: Dover, 1956, p. 277.

3　Steven Schwartzman, *The Words of Mathematics: An Etymological Dictionary of Mathematical Terms in English*, Washington, DC: Mathematical Association of America, 1994.

4　http://jeff560.tripod.com/mathword.html

第 12 章

1　Margaret E. Baron, *The Origins of the Infinetesimal Calculus*, New York: Dover, 1987, p. 34.

2　Reviel Netz and William Noel, *The Archimedes Codex: How a Medieval Prayer Book Is Revealing the True Genius of Antiquity's Greatest Scientist*, Boston: Da Capo, 2007.

3　D. J. Struik, *A Source Book in Mathematics*, 1200-1800, Cambridge, MA: Harvard University Press, 1969, p. 189.

4　Amir Alexander, "The Secret Spiritual History of Calculus," *Scientific American*, vol. 310, no. 4 (April 2014), pp. 82-85.

第 13 章

1　Paul M. B. Vitányi, "Tolstoy's Mathematics in *War and Peace*," *The Mathematical Intelligencer*, vol. 35, no. 1 (Spring2013), pp. 71-75.

2　本文引用《戰爭與和平》的段落，均採自劉遼逸譯本，北京：人民文學出版社，1989 年 7 月第 1 版。

3　Stephen Ahearn, "Tolstoy's Integration Metaphor from *War and Peace*," *The American Mathematical Monthly*, vol. 112, no. 7 (August-September 2005), pp. 631-638.

4　Mathematical Fiction at https://kasmana.people.cofc.edu/MATHFICT/

第 14 章

1　G. H. Hardy, *A Mathematician's Apology*, Canto Edition 1992, 12th printing, Cambridge: Cambridge University Press, 2012, p. 84.

2　https://www.metmuseum.org/blogs/now-at-the-met/2017/concinnitas-series-picturing-math

3 S. Zeki, J. P. Romaya, D. M. T. Benincasa and M. F. Atiyah, "The Experience of Mathematical Beauty and Its Neural Correlates," *Frontiers of Human Neuroscience*, vol. 8 (February 2014), Article 68.

4 S. Zeki, O. Y. Chén and J. P. Romaya, "The Biological Basis of Mathematical Beauty," *Frontiers of Human Neuroscience*, vol. 12 (November 2018), Article 467.

5 S. G. B. Johnson, S. Steinerberger, "Intuitions about Mathematical Beauty: A Case Study in the Aesthetic Experience of Ideas," *Cognition*, vol. 189 (August 2019), pp. 242-259.

第 15 章

1 圖片可參 https://www.nga.gov/collection/art-object-page.46590.html

2 圖片可參 https://c1.staticflickr.com/1/9/13821933_fe1e39a9ea_b.jpg

3 圖片可參 https://en.wikipedia.org/wiki/File:Gravitation.jpg

4 圖片可參 https://zh.wikipedia.org/wiki/File:Escher_Circle_Limit_IV.jpg；艾雪的作品可至下列網址欣賞 https://mcescher.com/gallery/

5 圖片可參 http://chronologia.org/en/math_impressions/poster012.html

6 圖片可參 http://chronologia.org/en/math_impressions/poster124.html

第 16 章

1 原文為：Du kannst mehr Mathe, als du denkst!

2 https://imaginary.org/

第 18 章

1 請參看「牧村摺紙」（https://origami.abstreamace.com/zh/）

第 19 章

1 王世襄：《明式家具研究》，北京：生活・讀書・新知三聯書店，2011 年，第 101 頁。

2 魏鋒、孫德棟：〈一把魯班鎖藏盡天機巧〉，《走向世界》，2018 年第 40 期，第 78-81 頁。

3 此圖取自：李硯祖：〈榫卯的藝術——秦筱春（凸凹先生）的 " 連方 " 雕塑〉，《文藝研究》，2002 年第 2 期，第 146-149 頁與 169-172 頁。

4 http://web.fg.tp.edu.tw/~math/blog/wp-content/uploads/2010/10/ 林義強 _ 積木組木活動 -2016-0921.pdf

5 http://burrtools.sourceforge.net/

6 http://www.slocumpuzzles.com/index2.html

7 https://www.puzzlemuseum.com/

8 http://www.robspuzzlepage.com/classif2.htm

9 http://puzzlewillbeplayed.com/index.html

10 傅中望：〈榫卯的啟示——《榫卯結構系列》創作思跡〉，《美術》，1990 年第 1 期，第 16-17 頁與第 38 頁。

11 http://www.berrocal.net/visit/visits_eng.html

第 20 章

1 http://modellsammlung.uni-goettingen.de/index.php?lang=en

2 https://www.maths.ox.ac.uk/about-us/history/models-geometric-surfaces

3 https://www.youtube.com/watch?time_continue=14&v=h_cIoWGD99A

4 https://www.maths.ox.ac.uk/about-us/departmental-art/history/other-collections

5 https://www.ms.u-tokyo.ac.jp/models/images/cubic_surface2015.jpg

6   http://www.mathmodels.illinois.edu/cgi-bin/cview?SITEID=4&ID=342

7   http://legacy-www.math.harvard.edu/history/models/index.html 以　及
     http://legacy-www.math.harvard.edu/history/models1/index.html

8   http://touch-geometry.karazin.ua/

9   E. Arthur Robinson Jr., "Man Ray's Human Equations," *Notices of the American Mathematical Society*, vol. 62, no. 10 (November 2015), pp. 1192-1198.

10   https://royalsociety.org/~/media/Royal_Society_Content/z_events/2012/Intersections%202012-04-04.pdf

第 22 章

1   岡布茨現在有一個專屬的網站 https://gomboc.eu/en/，可以從那裡尋獲更多資訊。

第 23 章

1   郭書春：《郭書春數學史自選集》下冊，濟南：山東科技出版社，2018 年，第 856 頁。

2   郭書春：《郭書春數學史自選集》下冊，濟南：山東科技出版社，2018 年，第 762 頁。

3   郭書春：《郭書春數學史自選集》上冊，濟南：山東科技出版社，2018 年，第 150 頁。

4   郭書春：《郭書春數學史自選集》下冊，濟南：山東科技出版社，2018 年，第 856 頁。

5   Morris Kline, *Mathematical Thought from Ancient to Modern Times*, New York: Oxford University Press, 1972, p. viii.

6   Donald B. Wagner, "An Ancient Chinese Derivation of the Volume of a Pyramid: Liu Hui, Third Century A.D.," *Historia Mathematica*, vol. 6, no. 2 (May 1979), pp. 164-188.

7 B. L. van der Waerden, *Geometry and Algebra in Ancient Civilizations*, Berlin: Springer-Verlag, 1983, pp. 41-42.

8 郭書春：《《九章筭術》新校》上冊，合肥：中國科學技術大學出版社，2014 年，第 77 頁。

9 Karine Chemla, "What is at Stake in Mathematical Proofs from Third-Century China?" *Science in Context*, vol. 10, no. 2 (Summer 1997), pp. 227-251.

10 Semir Zeki, Oliver Y. Chén and John Paul Romaya, "The Biological Basis of Mathematical Beauty," *Frontiers in Human Neuroscience*, vol. 12 (November 2018), Article 467.

11 郭書春：《郭書春數學史自選集》上冊，濟南：山東科技出版社，2018 年，第 150-164 頁。

12 Cyrus Hettle, "The Symbolic and Mathematical Influence of Diophantus's Arithmetica," *Journal of Humanistic Mathematics*, vol. 5, no. 1 (January 2015), pp. 139-166.

13 Reuben Hersh, "Proving Is Convincing and Explaining, " *Educational Studies in Mathematics*, vol. 24, no. 4 (December 1993), pp. 389-399.

14 Richard Tieszen, "What is a Proof?" in M. Detlefsen ed., *Proof, Logic and Formalization*, London: Routledge, 1992, pp. 57-76.

15 Gian-Carlo Rota, *Indiscrete Thoughts*, Boston: Birkhäuser, 1997, pp. 134-150.

16 Authur Jaffe and Frank Quinn, "'Theoretical Mathematics': Toward a Cultural Synthesis of Mathematics and Theoretical Physics, " *Bulletin (New Series) of the American Mathematical Society*, vol. 29, no. 1 (July 1993), pp. 1-13.

17 William Thurston, "On Proof and Progress in Mathematics, " *Bulletin (New Series) of the American Mathematical Society*, vol. 30, no. 2, (April 1994), pp. 161-177.

第 24 章

1　〔荷〕安國風著，紀志剛，鄭誠，鄭方磊譯：《歐幾里得在中國：漢譯《幾何原本》的源流與影響》，南京：江蘇人民出版社，2008年，第 92 頁。

2　楊澤忠：〈利瑪竇中止翻譯《幾何原本》的原因〉，《歷史教學》，2004 年第 2 期，第 70-72 頁。

3　陳方正：〈《幾何原本》在不同文明之翻譯及命運初探〉，《中國文化研究所學報》，2008 年第 48 期，第 193-120 頁。

第 25 章

1　Charles L. Dodgson: Amit Hagar, "Introduction", *Euclid and His Modern Rivals*, Cambridge University Press, 2009, p.xxviii.

第 26 章

1　斯坦著，葉偉文譯：《幹嘛學數學？》，臺北：天下文化，2019。

2　Michael J. Handel, "What Do People Do at Work? A Profile of U.S. Jobs from the Survey of Workplace Skills, Technology, and Management Practices (STAMP)," *Journal of Labour Market Research*, vol. 49, no. 2 (October 2016), 177-197.

3　翁秉仁：〈國小數學很簡單嗎？〉，《數理人文》，（2015 年 1 月 15 日），第 3 期，第 20-21 頁。

4　阿哈羅尼著，李國偉譯：《小學算術教什麼，怎麼教：家長須知，也是教師指南》，臺北：天下文化，2018。

5　劉柏宏：〈從美國「數學戰爭」看台灣的數學教育〉，《數學傳播》，第 28 卷第 4 期（2004 年 12 月號），第 3-16 頁。

第 27 章

1   Ray Kurzweil, *The Singularity is Near*, New York: Viking, 2005.

第 28 章

1   Peter J. Bowler, *Science for All: The Popularization of Science in Early Twentieth-Century Britain*, Chicago: University of Chicago Press, 2009, p. 110.

2   https://www.mathvalues.org/masterblog/mathematics-for-the-million

3   吳文俊：〈慎重地改革數學教育〉，《數學教學》，1993 年第 5 期，第 2 頁。

第 29 章

1   Ioan James, "Autism in Mathematicians," *The Mathematical Intelligencer*, vol. 25, no. 4 (September 2003), p. 62.

2   Ioan James, "Autism and Mathematical Talent," *The Mathematical Intelligencer*, vol. 32, no. 1 (January 2010), p. 56.

3   S. Baron-Cohen, S. Wheelwright, R. Skinner, J. Martin, E. Clubley, "The Autism-spectrum Quotient (AQ): Evidence from Asperger Syndrome/High-functioning Autism, Males and Females, Scientists and Mathematicians," *Journal of Autism and Developmental Disorders*, vol. 31, no. 1 (February 2001), pp. 5-17.

4   S. Baron-Cohen, S. Wheelwright, A. Burtenshaw, E. Hobson, "Mathematical Talent is Linked to Autism," *Human Nature*, vol. 18, no. 2 (June 2007), pp. 125-131.

5   Ioan James, "Autism and Mathematical Talent," *The Mathematical Intelligencer*, vol. 32, no. 1 (January 2010), p. 57.

6   Michael Fitzgerald and Ioan James, *The Mind of the Mathematician*, Baltimore: Johns Hopkins University Press, 2007, p. 59.

第 30 章

1   波勒著，廖月娟譯：《大腦解鎖：史丹佛頂尖學者裘‧波勒以最新腦科學推動學習革命》，臺北：天下文化，2021。

2   波勒著，畢馨云譯：《幫孩子找到自信的成長型數學思維：學好數學不必靠天賦，史丹佛大學實證研究、讓孩子潛力大爆發的關鍵方法》，臺北：臉譜，2019。

圖片來源

國家圖書館出版品預行編目 (CIP) 資料

數學, 這樣看才精采：李國偉的數學文化講堂 / 李國
偉著 . -- 第一版 . -- 臺北市：遠見天下文化出版股
份有限公司 , 2022.04
　　面；　公分 . -- (科學文化；BCS221)

　ISBN 978-986-525-550-3（平裝）

　1.CST: 數學 2.CST: 通俗作品

310　　　　　　　　　　　　　　　　111004476

科學文化 BCS221

數學，這樣看才精采
李國偉的數學文化講堂

原　　　著 — 李國偉
科學叢書策劃群 — 林和（總策劃）、牟中原、李國偉、周成功

總 編 輯 — 吳佩穎
編輯顧問 — 林榮崧
責任編輯 — 吳育燐
美術設計 — 陳益郎
封面設計 — 張議文

出 版 者 — 遠見天下文化出版股份有限公司
創 辦 人 — 高希均、王力行
遠見・天下文化 事業群榮譽董事長 — 高希均
遠見・天下文化 事業群董事長 — 王力行
天下文化社長 — 王力行
天下文化總經理 — 鄧瑋羚
國際事務開發部兼版權中心總監 — 潘欣
法律顧問 — 理律法律事務所陳長文律師　　　著作權顧問 — 魏啟翔律師
社　　　址 — 台北市 104 松江路 93 巷 1 號 2 樓
讀者服務專線 — 02-2662-0012　　　　　　傳真 — 02-2662-0007；02-2662-0009
電子信箱 — cwpc@cwgv.com.tw
直接郵撥帳號 — 1326703-6 號　遠見天下文化出版股份有限公司

電腦排版 — 陳益郎
製 版 廠 — 東豪印刷事業有限公司
印 刷 廠 — 祥峰印刷事業有限公司
裝 訂 廠 — 台興印刷裝訂股份有限公司
登 記 證 — 局版台業字第 2517 號
總 經 銷 — 大和書報圖書股份有限公司　　　　電話 — 02-8990-2588
出版日期 — 2022 年 4 月 15 日第一版第 1 次印行
　　　　　 2024 年 8 月 22 日第一版第 3 次印行

定價 — NT420 元
書號 — BCS221
ISBN — 978-986-525-550-3 ｜ EISBN 9789865255541（EPUB）；9789865255534（PDF）

天下文化官網 — bookzone.cwgv.com.tw

天下·文化

BELIEVE IN READING